# El clima urbano de Zaragoza:
## la isla de calor

José M. Cuadrat Prats
Miguel Ángel Saz Sánchez
Sergio M. Vicente Serrano
Roberto Serrano Notivoli
Ernesto Tejedor Vargas
Samuel Barrao Simorte

# El clima urbano de Zaragoza:
## la isla de calor

PRENSAS DE LA UNIVERSIDAD DE ZARAGOZA

© José M. Cuadrat Prats, Miguel Ángel Saz Sánchez, Sergio M. Vicente Serrano, Roberto Serrano Notivoli, Ernesto Tejedor Vargas y Samuel Barrao Simorte
© De la presente edición, Prensas de la Universidad de Zaragoza
(Vicerrectorado de Cultura y Patrimonio)
1.ª edición, 2026

Prensas de la Universidad de Zaragoza. Edificio de Ciencias Geológicas, c/ Pedro Cerbuna, 12
50009 Zaragoza, España. Tel.: 976 761 330
puz@unizar.es        http://puz.unizar.es

une Esta editorial es miembro de la UNE, lo que garantiza la difusión y comercialización de sus publicaciones a nivel nacional e internacional.

ISBN 979-13-87705-81-7
Impreso en España
Imprime: Servicio de Publicaciones. Universidad de Zaragoza
D.L.: Z 761-2026

# PRÓLOGO

En la mayor parte de los procesos de urbanización regidos por el planeamiento se propone la conveniencia de considerar no solo las variables económicas, sociales y culturales, sino también, de una forma cada vez más preferente, las cuestiones relativas al medio ambiente y en particular al clima, como horizonte para lograr la sostenibilidad en los modelos de desarrollo urbanos.

En este sentido, el Programa o Agenda 21 aprobado por Naciones Unidas en la Cumbre de la Tierra de 1992 reconoció la importancia del ámbito local en la solución de muchos de los retos ambientales e hizo un llamamiento a todas las comunidades locales para que crearan su propia Agenda 21 o plan de acción local. El Ayuntamiento de Zaragoza, en respuesta a esta convocatoria, suscribió en el año 2000 la Carta de Aalborg (Carta de las Ciudades Europeas hacia la Sostenibilidad), situándose en esos momentos en la vanguardia del compromiso por fomentar el desarrollo sostenible. El aprendizaje acumulado durante el período de actividad de la Agenda 21 Local ha sentado las bases del proceso de transición hacia la Agenda 2030, que nace en 2015 de la Resolución 70/1 de la Asamblea General de las Naciones Unidas con el objetivo de reforzar la transversalidad de planes e incorporar el conocimiento del clima y sus impactos como una cuestión primordial en las políticas locales. Con este interés, Zaragoza es desde 2005 miembro de la Red Española de Ciudades por el Clima, promovida por la Federación Española de Municipios y Provincias y la

Oficina Española de Cambio Climático y el Ministerio para la Transición Ecológica y el Reto Demográfico. Además, en el año 2019 aprobó su Estrategia de Cambio Climático, Calidad del Aire y Salud de Zaragoza (ECAZ 3.0) Horizonte 2030, y ha sido seleccionada por la Comisión Europea como una de las «100 ciudades climáticamente neutras».

Dentro de este marco se inscriben los acuerdos de colaboración entre el Ayuntamiento de Zaragoza y el grupo de investigación «Clima, agua, cambio global y sistemas naturales» del Departamento de Geografía de la Universidad de Zaragoza, con la doble finalidad de analizar las características climáticas de la ciudad y crear una base de datos y documentación climática que ayuden a avanzar en un modelo de desarrollo que garantice las mejores condiciones de calidad de vida para todos los ciudadanos. El resultado de esta cooperación es este trabajo, iniciado en el año 2000, que muestra los rasgos generales del clima urbano de Zaragoza y que examina los principales factores que influyen sobre el mismo, como conocimiento necesario para integrar el clima en las políticas ambientales de planificación urbana.

Las investigaciones se han llevado a cabo a través de los programas de la Agencia de Medio Ambiente y Sostenibilidad del Ayuntamiento y ha contado con el apoyo en diferentes momentos de un buen número de instituciones y personas a quienes queremos agradecer su contribución y ayuda: a la Agencia Estatal de Meteorología en Aragón (Aemet), por su disponibilidad para acceder a la información climática de sus archivos; a la Comandancia de Zaragoza de la Guardia Civil, que personalizamos en el teniente coronel José Ángel Núñez Álvarez, por las facilidades prestadas para la realización de los transectos urbanos necesarios para la toma de datos, y a la Unidad de Medio Ambiente del Ayuntamiento de Zaragoza, en especial a Javier Celma, Nieves López y Mariano Aladrén, por su permanente apoyo y colaboración, que en la actualidad se mantiene con Luisa Campillos y la Oficina de Medio Ambiente, Acción Climática y Salud Pública. Mención especial merece la recién creada Cátedra de Territorio, Sociedad y Visualización Geográfica de la Universidad de Zaragoza y el Ayuntamiento de Zaragoza, que apuesta por dar continuidad a esta línea de investigación y por difundir la información generada a través de la Oficina de Transparencia y Gobierno Abierto.

# 1.
# INTRODUCCIÓN

Las ciudades son el paisaje humanizado por excelencia y el más espectacular. Sin duda, constituyen la máxima expresión de la transformación del medio natural por la acción del hombre y pueden ser consideradas como el medio ambiente más específicamente humano. La sustitución de la cubierta vegetal por un sustrato impermeable, la masa compacta de edificios elevados, la generación de polvos o aerosoles y la producción de energía antrópica son las causas de esta modificación, que afecta al conjunto de sus condiciones ambientales, pero de manera especial al clima. La consecuencia más perceptible es el desarrollo de un fenómeno conocido con la expresiva denominación de «isla de calor urbana» y su acrónimo ICU (o también UHI, por sus siglas en inglés, de *urban heat island*), que se define por la mayor temperatura del aire en el interior de la ciudad con relación al espacio rural circundante (Oke, 1995).

En la actualidad, la mayoría de las ciudades están en torno a 2 °C más cálidas que las zonas rurales, y en las grandes urbes las diferencias entre el centro urbano y la periferia puedenn alcanzar más de 7 °C en episodios de máxima intensidad, en noches de viento en calma o muy débil y cielo despejado. Por el contrario, en días nublados o cuando aumenta la velocidad del viento, la ICU disminuye y llega a hacerse prácticamente imperceptible, lo que hace suponer a algunos autores la existencia de una «velocidad límite del viento» a partir de la cual la ICU es nula (Oke y Hannell, 1970).

Velocidades del viento de 35-40 kilómetros son valores de referencia de este límite crítico encontrado en ciudades muy desiguales como Seúl (Kim y Baik, 2002) o Salamanca (Alonso *et al.*, 2007), mientras que en Zaragoza está más próximo al límite de los 50 kilómetros por hora. En todo caso, como han subrayado Camilloni y Barrucand (2012), se pueden hallar valores muy dispares, no siempre fáciles de precisar, que están relacionados con las características morfológicas y la topografía de cada urbe. Por lo que respecta a la intensidad de la ICU y a su configuración, es conocido que tienen que ver con el tamaño, la población y la latitud de la ciudad (Hogan y Ferrick, 1988). Por lo general, la isla es mayor en verano que en invierno (Morris *et al.*, 2001), y se hace más evidente durante la noche, pudiendo llegar a desaparecer en las horas centrales del día (Jauregui, 1997; Steinecke, 1999).

La ICU es un fenómeno de escala local, o a lo sumo regional, pero el interés de su estudio es manifiesto, por el simple hecho de que un elevado porcentaje de población vive en ciudades. Según Naciones Unidas, el 55 % de la población mundial actual, 4200 millones de habitantes, reside en áreas urbanas y se prevé que, para 2050, llegue al 70 %. Es precisamente el número de habitantes el factor socioeconómico más influyente en la intensidad de la isla de calor. Pero, al mismo tiempo, el clima urbano desempeña un papel muy importante en determinar parte del consumo energético doméstico (calefacción y aire acondicionado), además de repercutir en la salud de la población (en particular, personas mayores y bebés), reducir el confort en el espacio público (condiciones de comodidad) y provocar cambios en el conjunto del ecosistema urbano (adaptación de especies exóticas por modificación del calendario fenológico).

Por esta trascendencia social y económica que tiene este fenómeno urbano y su incidencia sobre la calidad de vida, se explica el lugar privilegiado que ocupa como tema de estudio y la utilidad de su conocimiento para la gestión ambiental de la ciudad, de tal modo que las políticas urbanas van encaminadas cada vez más a adoptar medidas que priorizan la interrelación entre la ciudad construida, los recursos naturales y la salud humana. Con este planteamiento, varios han sido los objetivos proyectados en cada etapa de trabajo, cuyos resultados recoge esta publicación: (1) conocer la magnitud e intensidad de la isla de calor de la ciudad de Zaragoza, (2) caracterizar temporal y espacialmente las islas de calor y de humedad, (3) explicar las islas de calor y humedad en función de factores atmosféricos y de otros relativos a cuestiones estructurales de la ciudad y (4) crear una base de datos y documentación climática con toda la información generada.

## 1.1. Conocimiento del clima urbano

La percepción sensorial que la población urbana tiene del clima del entorno en el que vive es vieja. Como recuerda Landsberg (1981), en el siglo I Séneca hablaba de los humos pestilentes de Roma y cómo mejoraba su ánimo al alejarse de la urbe. También señalaba dicho autor las prohibiciones, en el siglo XVII, de quemar carbón en Londres por la elevada contaminación y porque dificultaba la llegada de los rayos solares. Y en otra gran ciudad, como París, en 1887 el meteorólogo francés Émilien Renou mencionaba el calentamiento anómalo del centro urbano con respecto a la periferia. En España, la percepción del clima de las ciudades aparece ya muchas veces desde el siglo XVI en los comentarios de viajeros y cronistas. También sobre Zaragoza hay frecuentes referencias a las particularidades del clima de la ciudad; por ejemplo, el holandés Pieter van der Aa, en su obra *Les Delices de l'Espagne et du Portugal,* publicada con el nombre de Juan Álvarez de Colmenar (1707), en su recorrido por tierras aragonesas describía Zaragoza en estos términos: «L'air est pur et sain à Sarragosse, un peu moins chaud qu'en d'autres villes d'Espagne: les dehors de la ville sont très-beaux, avec de beaux jardins et d'agréables vergers, occupez en partie par des maisons, qui sont presque aussi grand nombre que celles de la ville» [«El aire es puro y sano en Zaragoza, un poco menos caluroso que en otras ciudades de España: los alrededores de la ciudad son muy bonitos, con hermosos jardines y agradables huertas, en parte ocupadas por casas, casi tan numerosas como las de la ciudad»]. Otro viajero, el inglés Bogue Luffman, a su llegada a Zaragoza en 1893, en plena canícula, refiere el calor agobiante del verano en estos términos: «¡Con 60 grados de temperatura! la ciudad parece una urbe tropical, con sus enormes toldos ondeando en todas las fachadas de las casas y su atmósfera deslumbrante». Y el autor anónimo del manuscrito *Topografía médica de Zaragoza* (1854), al explicar los procesos que afectan a la salud de las personas, se refiere al clima en estos términos: «El clima de Zaragoza es templado, tiene por lo general un cielo alegre, sereno, si bien acompañado, como es consiguiente, de esas variantes propias de las diversas estaciones […]. Con frecuencia, en los inviernos húmedos y fríos viene a privarnos de la vivificadora influencia de los rayos solares una neblina densa que por lo general no ocupa más extensión que la que abarca la zona de la ciudad, y esto se explica fácilmente por la gran cantidad de vapor de agua que se desprende de los diferentes ríos que la circundan». Sin embargo, aunque abundan las noticias y las reseñas, hasta avanzado el siglo XIX, no se dispone de datos meteorológicos apropiados para analizar las alteraciones climáticas que causa la ciudad.

El nacimiento del estudio de la isla de calor con planteamiento científico hay que situarlo en el siglo XIX con los trabajos pioneros de Howard (1818) sobre la ciudad de Londres, con los que se inicia la moderna climatología urbana, cuyo pleno reconocimiento se alcanza en 1968 con la celebración en Bruselas de un simposio internacional sobre climas urbanos, promovido por la Organización Meteorológica Mundial (WMO, 1968). Desde entonces, la preocupación por el conocimiento del clima urbano ha ido en aumento por la importancia de las ciudades en los problemas ambientales actuales y el influjo del clima sobre el confort, la salud humana y la calidad de vida (Alcoforado y Matzarakis, 2010; Taylor *et al.*, 2015; Román *et al.*, 2017). En España los estudios de clima urbano no comienzan de forma metódica hasta bien entrado el siglo XX con la publicación en 1984 de un extenso artículo sobre la ciudad de Madrid (López Gómez y Fernández García, 1984), al que siguieron estudios sobre otras ciudades españolas como Valencia (Caselles *et al.* 1989), Barcelona (Moreno, 1991; Martín Vide *et al.*, 1992), Tarragona (Brunet, 1991) o Córdoba (Domínguez Bascón, 1999), y un número cada vez mayor de trabajos, en parte recogidos en dos publicaciones indicativas del avance de la disciplina: «El clima de las ciudades españolas» de López Gómez *et al.*, editado en 1993, y «Clima y ambiente urbano en ciudades ibéricas e iberoamericanas» de Fernández García *et al.*, publicado en 1998.

En Zaragoza las investigaciones iniciales del clima de la ciudad nacen con un claro interés aplicado, primero con el trabajo precursor de Ascaso (1969) sobre la relación clima y contaminación atmosférica, y más tarde con Calvo Palacios (1976), centrado en el análisis de las características bioclimáticas y el confort urbano. Pero el estudio sistemático del clima urbano es más reciente y realizado esencialmente por el Grupo de Clima del

Departamento de Geografía de la Universidad de Zaragoza. En 1993 se publica una incipiente aproximación al conocimiento de la isla de calor y las diferencias campo-ciudad (Cuadrat *et al.*, 1993), al que siguieron nuevos trabajos orientados a conocer los patrones de la ICU zaragozana y sus factores condicionantes, que tuvieron su réplica en las ciudades de Huesca y Teruel (Cuadrat *et al.*, 1993; Cuadrat, 1994; De la Riva *et al.*, 1997; López Martín, 1995 y 1998). Tiempo después, en 2002, fue presentada la tesis doctoral de Fernando López Martín, dirigida al estudio del clima urbano de Zaragoza y su aplicación al planeamiento, y en 2013 la tesis de Daniel Sanginés, enfocada a identificar problemáticas energéticas y urbanas. Las investigaciones realizadas han progresado en dos niveles de análisis: uno inicial, de estudio de los rasgos generales y patrones espaciales de la isla de calor y la isla de sequedad, y otro más reciente, que contempla los principales factores que influyen sobre el clima de la ciudad (Vicente-Serrano *et al.*, 2003; Saz *et al.*, 2003; Cuadrat *et al.*, 2003; Cuadrat, 2004; Cuadrat *et al.*, 2004; Vicente-Serrano *et al.*, 2005; Cuadrat *et al.*, 2005; López Martín, 2011; Cuadrat *et al.*, 2015).

La metodología de trabajo exige contar con información amplia y precisa. En el caso de Zaragoza, se ha apoyado en fuentes diversas, como son los datos procedentes de los observatorios meteorológicos, los obtenidos en los transectos urbanos con vehículos equipados con instrumental de medición y los que proporcionan las imágenes de satélite. Sin embargo, esta información no permite un seguimiento continuo de la ICU ni conocer la acción relevante que sobre la misma tienen buen número de factores, como es el caso particular del viento, que en Zaragoza sopla con reiteración e intensidad. Por este motivo, en el año 2015, se monitorizó la ciudad con una amplia red de sensores termohigrométricos que permiten un examen más preciso de muchos rasgos del clima urbano todavía poco estudiados. En la actualidad, se han incorporado nuevas tecnologías y métodos de análisis (Cuadrat *et al.*, 2022; Barrao *et al.*, 2022*a*; Barrao *et al.*, 2022*b*; Barrao *et al.*, 2022*c*), y se han desarrollado otros temas, como el confort térmico (Tejedor *et al.*, 2016) o los avances en el marco de las zonas climáticas locales (LCZ, por sus siglas en inglés, de *local climate zones*) mediante el modelo climático UrbClim de la Agencia Espacial Europea (Barrao, 2024).

## 1.2. Fundamentos conceptuales sobre el clima urbano

La definición del clima urbano se realiza en términos de comparación con su entorno próximo y es desde esta óptica como podemos generalizar el concepto a otras ciudades, cualquiera que sea su localización, aunque cada una de ellas conserve los rasgos climáticos específicos de la región en la que se sitúa. En términos cualitativos, los factores urbanos que modifican el clima de la ciudad podemos resumirlos de este modo:

1. La superficie natural previa ha sido reemplazada o recubierta por construcciones diversas de edificios e infraestructuras que forman un conjunto denso y compacto. Esto genera una rugosidad que modifica el movimiento del aire al menos en dos sentidos: por una parte, se incrementa en general la turbulencia y, por otra, se mitiga la velocidad del viento y, en consecuencia, existe una menor pérdida del calor.

2. La sustitución del suelo natural por diferentes tipos de pavimentos, así como los sistemas de drenaje urbanos, propicia la rápida escorrentía y la eliminación del agua de lluvia. De este modo se reduce la energía térmica necesaria para la evaporación y disminuye la cantidad de vapor de agua que va a la atmósfera; en cambio, en el campo el agua caída permanece más tiempo en el suelo y, al evaporarse, lo enfría y, además, incrementa la humedad del aire.

3. Las estructuras urbanas y los materiales de construcción poseen propiedades térmicas distintas a las del suelo natural. Fachadas, cubiertas, suelo, pavimentos y zonas verdes, entre otras superficies, presentan por lo general menores albedos y, a la vez, absorben y almacenan la radiación solar incidente durante el transcurso del día que, por la noche, es progresivamente liberada a la atmósfera en forma de flujo de calor.

4. La absorción de energía también es mayor por el efecto de captura que provoca la singular geometría que presentan las calles y los edificios. En la ciudad, la radiación solar incidente sufre múltiples reflexiones en las fachadas y en el suelo y queda atrapada entre las calles, incrementando la temperatura del aire.

5. El denominado «factor de visión del cielo» (*sky view factor,* en inglés) tiene valores bajos, porque el entramado urbano dificulta la

pérdida de calor nocturna. Por el contrario, en el medio rural, donde existen menos obstrucciones, hay mayor superficie libre de cielo al que es devuelto el calor del suelo sin ningún impedimento.

6. El calor procedente de las actividades humanas constituye otro importante factor modificador del balance de energía en favor de la ciudad. Es el generado por los mecanismos de calefacción y refrigeración de los edificios, industria, transporte, alumbrado, etc., que se emite a la atmósfera urbana, aumentando su temperatura.

Estos hechos juntos, aunque en distinta medida, son los que dan a los núcleos urbanos características climáticas propias, que podemos contemplar desde una doble perspectiva: por un lado, el comportamiento diferente entre el núcleo urbano y el medio rural próximo y, por otro, los contrastes dentro de la propia ciudad, a los que contribuyen tanto las variadas formas de sus edificios, de sus materiales y el trazado de sus calles como la propia acción humana. Con ello, el clima de la ciudad se transforma en un elemento dinámico y cambiante, creado por el medio natural, pero modificado por el medio social y el construido. De este modo, el hombre genera sus propias condiciones ambientales, cuya naturaleza y confortabilidad percibe de forma directa e inmediata la totalidad de la población.

El efecto más visible de esta modificación del clima es la isla de calor, o isla térmica; un fenómeno que se produce en cualquier ciudad, incluso de tamaño pequeño, cuando el viento es flojo o está en calma y el cielo permanece despejado o poco nuboso. La forma que normalmente adquiere la representación cartográfica de las temperaturas, con un núcleo central e isotermas concéntricas con valores decrecientes al alejarnos del mismo, es la que justifica la denominación de isla de calor urbana, dado que el conjunto recuerda a la configuración topográfica de una isla.

En la práctica se pueden identificar varios tipos de isla de calor, que Oke (1995) clasifica del siguiente modo:

a) *Isla de calor urbana atmosférica* o *urban heat island* (ICU): se refiere a la diferencia de temperatura del aire de la superficie terrestre entre el área urbana y el entorno que la rodea.

b) *Isla de calor urbano de superficie* o *surface urban heat island* (ICUs): indica la diferencia entre la temperatura registrada en los materiales urbanos (pavimento, aceras, tejados de los edificios, etc.) y el aire situado encima de ellos, de tal manera que su intensidad va muy asociada al tipo de urbanismo y a las características de los diferentes materiales.

c) *Isla de calor de la capa límite urbana* o *urban boundary layer* (ICUcl): se refiere a la temperatura de la capa atmosférica situada por encima del nivel de los edificios, cuyas características climáticas están afectadas por la presencia de la urbe.

d) *Isla de calor urbana subterránea* o *subsurface urban heat island* (ICUsub): es la que provoca la propia ciudad, al irradiar calor constantemente al interior del suelo a través de sus estructuras.

Las más conocidas y estudiadas son la atmosférica y la de superficie. Ambas se diferencian por los mecanismos de formación, las variaciones de intensidad y las técnicas empleadas para su identificación (tabla 1). La ICUs influye indirecta pero significativamente sobre la ICU, porque los materiales urbanos que absorben calor durante el día con posterioridad lo van liberando y calientan el aire en contacto con ellos.

TABLA 1
*CARACTERÍSTICAS BÁSICAS DE LA ISLA DE CALOR DE SUPERFICIE
Y LA ISLA DE CALOR ATMOSFÉRICA*

| *Características* | *Isla de calor de superficie (ICUS)* | *Isla de calor atmosférica (ICU)* |
|---|---|---|
| Formación temporal | Presente durante el día y la noche. Más intensa durante el día y en verano | Débil o inexistente durante el día. Máxima intensidad en verano o invierno, según ciudades, y durante la noche |
| Ritmo temporal y espacial | Amplia variación espacial y temporal | Poca variación espacial y temporal |
| Método principal de identificación | Método indirecto: — Teledetección — Sensores remotos | Método directo: — Estaciones meteorológicas — Transectos urbanos |
| Representación | Imágenes térmicas | Mapas de isotermas. Gráficos de temperatura |

Fuente: modificado de Environmental Protection Agency (EPA) (2008).

Pero las ciudades difieren del campo circundante no solo en la temperatura; también otros aspectos del clima como los totales de precipitación, la velocidad del viento, la cantidad de radiación o de vapor de agua experimentan cambios significativos, que podemos evaluar de forma directa en diferencias de humedad, precipitación, velocidad del viento o niebla, entre el espacio urbano y su entorno rural. De ellos, el contenido de humedad es uno de los elementos del clima que puede verse muy modificado en la ciudad. En efecto, la reducida cantidad de vegetación, el menor nivel de evaporación del agua por el sistema de alcantarillado o la amplia extensión de suelo impermeable del área urbana provocan la disminución de la humedad y el desarrollo de un fenómeno que, en analogía con la isla de calor, se denomina isla de sequedad urbana, ISU (o también UDI, por sus siglas en inglés, de *urban dry island*), que se define por el menor contenido de humedad del aire del interior de la ciudad en relación con el espacio rural circundante (Oke, 1995). La investigación de las diferencias de humedad entre las zonas urbanas y las rurales es menos común que el estudio de las diferencias térmicas, como lo demuestra el número significativamente reducido de trabajos realizados sobre la ISU, en comparación con aquellos sobre la ICU; sin embargo, el conocimiento y cuantificación de los efectos de la urbanización sobre la humedad es esencial para comprender el impacto sobre el confort urbano, el consumo de energía y las condiciones ambientales. Su observación puede contemplar la humedad absoluta y la relativa, pero es más frecuente la consideración de la humedad relativa. Esta es la que hemos analizado en nuestros trabajos.

## 1.3. Aspectos metodológicos

Tres son los parámetros fundamentales que caracterizan a la isla de calor y la isla de sequedad: su intensidad, su forma o configuración y la localización de sus valores máximos. Su conocimiento se apoya en diferentes metodologías de estudio, que han ido evolucionando con el tiempo y los medios técnicos. Las más habituales son las que han sido empleadas para la investigación del clima de Zaragoza:

1. El procedimiento más común para establecer la intensidad de la ICU y de la ISU es analizar la información de dos observatorios meteorológicos que sean geográficamente comparables: un observatorio ubicado en el interior de la ciudad y otro fuera de la misma, próximo, pero suficientemente alejado para evitar la influencia urbana (Oke, 1996), con el inconveniente de que la disponibilidad de

observatorios con registros fiables limita, muchas veces, la elección de los puntos urbano y rural más representativos.

Formalmente, la ICU se expresa del siguiente modo:

$$\Delta T_{u-r} = T_u - T_r$$

Donde $\Delta T_{u-r}$ es la intensidad de la isla de calor; $T_u$, la temperatura del punto urbano, y $T_r$, la temperatura del punto rural.

Y, de la misma manera, la ISU puede expresarse como sigue:

$$\Delta HR_{URB-RUR} = HR_{URB} - HR_{RUR}$$

Donde $\Delta HR_{URB-RUR}$ indica la intensidad de la isla de sequedad; $HR_{URB}$, la humedad relativa del punto urbano, y $HR_{RUR}$, la humedad relativa del punto rural.

2. Una metodología de frecuente empleo, iniciada por Schmidt (1927) en Viena y también Peppler (1929) en Karlsruhe, es la realización de recorridos o transectos urbanos previamente planeados por dentro de la ciudad y por su periferia, con vehículos preparados con adecuados instrumentos de medición. Con esta práctica, se consigue una amplia información espacial de los valores de la temperatura, humedad del aire, viento, etc. En Zaragoza se realizaron en la década de los años dos mil un amplio número de transectos con tres vehículos, equipados con un termohigrómetro digital que lleva incorporado un sensor electrónico de alta resolución para medir la temperatura y la humedad del aire. Los datos obtenidos han sido fundamentales para analizar la configuración e intensidad de las islas de calor y de sequedad de la ciudad y su relación con factores estructurales y con la acción del viento.

3. El método por el que se consigue mayor precisión espacial es el de la teledetección de la isla de calor superficial mediante el empleo de imágenes de satélite en infrarrojo térmico (Voogt y Oke, 2003). Analizando las imágenes diurnas y nocturnas de la ciudad, se obtiene un amplio muestreo térmico de las diferentes zonas urbanas. Esta metodología no refleja la temperatura del aire, sino la temperatura de las superficies urbanas; además, cada material tiene su grado de captación de energía calorífica y de emisión diferente, haciendo que la isla de calor superficial pueda ser muy variable.

4. En los últimos años, existe una tendencia creciente hacia la instalación de redes de sensores inalámbricos para el monitoreo de
   variables climáticas en entornos urbanos (Bassett *et al.*, 2016;
   Honjo *et al.*, 2015). Este ha sido el caso de Zaragoza, donde gracias a la colaboración entre el Servicio de Medio Ambiente y Sostenibilidad del Ayuntamiento de Zaragoza y el Departamento de
   Geografía y Ordenación del Territorio de la Universidad de Zaragoza, en 2015 se instaló una amplia red de sensores termohigrométricos en puntos seleccionados de la ciudad y sus alrededores,
   que permite un examen más preciso de muchos rasgos del clima
   urbano, algunos de cuyos primeros resultados se muestran en este
   trabajo.

# 2.
# LA CIUDAD Y EL CLIMA

## 2.1. La ciudad de Zaragoza

Zaragoza es una ciudad compacta y multifuncional, de 704 917 habitantes (Padrón Municipal de 2024), situada al nordeste de España, en la zona central de la depresión del Ebro, a orillas de los ríos Ebro, Gállego y Huerva (figura 1). La ciudad ha ido creciendo a partir de un extenso núcleo histórico; de alta densificación de edificios, calles estrechas, plazas sin formas definidas y dividida en barrios, en torno al cual se han desarrollado los ensanches y los nuevos barrios, que añaden complejidad a la trama urbana. No tiene edificios de gran altura; el predominio corresponde a los edificios plurifamiliares de 5 a 10 pisos, aunque son destacables construcciones recientes que superan los 70 metros, caso de la Torre del Agua, el World Trade Center, la Torre Aragonia y la recién edificada Torre Zaragoza, de 106 metros, cuya excepcional altura sobresale por encima de las torres de la basílica del Pilar, que con sus 95 metros fijaban el techo de la ciudad.

La estructura territorial no es uniforme, ya que en menos del 25 % del municipio se concentra el 96 % de sus habitantes. La ciudad constituye un núcleo de población compacto sobre un amplio término municipal que responde a muchos de los criterios de compacidad y continuidad que se están planteando como modelos urbanos sostenibles. Carece de una efectiva área metropolitana, al menos en lo que se refiere a su peso demográfico, aunque en los últimos años varios de los factores tradicionales han cambiado: por un lado, la propia ciudad ha tenido una fuerte expansión, duplicando prácticamente su superficie urbanizada y, al mismo tiempo, han crecido los núcleos vecinos gracias a su auge industrial, la mejora de las vías de comunicación y el aumento del precio de la vivienda en la capital. Este auge de los municipios de su entorno se produce sobre todo en el eje del río Huerva (dirección Valencia), en el eje de Logroño (ante el desarrollo de la industria automovilística), en el de Huesca (especialmente Villanueva de Gállego) y en menor medida en el de Barcelona; pero, a pesar de ello, tan solo concentran un 10 % de la población, proporción muy escasa frente a otras áreas metropolitanas ibéricas mucho más pobladas.

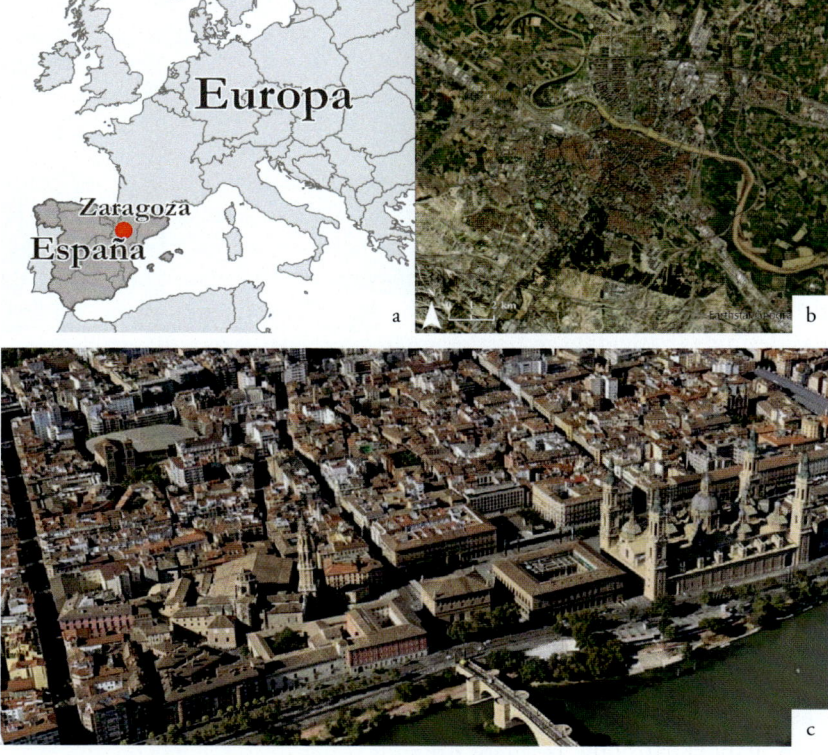

Figura 1. La ciudad de Zaragoza: a) mapa de localización de Zaragoza en Europa, b) imagen de satélite (Instituto Geográfico Nacional, Esri, USGS, Earthstar Geographics), c) foto aérea (Real Aeroclub de Zaragoza).

Las últimas cinco décadas han estado marcadas por un crecimiento urbano sin precedentes. Como señalan Monclús *et al.* (2018), este avance se inicia con la declaración de Zaragoza como polo de desarrollo industrial, que trajo consigo el despegue de la industria y el refuerzo de los ejes radiales de comunicaciones y los corredores industriales. Otro paso importante hacia la vertebración metropolitana se dio con la urbanización de la margen izquierda del Ebro (Actur), al que han seguido dos cinturones o autovías de circunvalación (Z-30 y Z-40), amplias áreas urbanizadas y piezas estratégicas como la plataforma logística PLA-ZA. Y se completa con el soterramiento de las vías del AVE, el Plan de Riberas del Ebro y la Exposición Internacional de 2008, que han tenido singular relevancia en la construcción de la ciudad. Este desarrollo urbano disparó el consumo de suelo (de 97 a 175 kilómetros cuadrados), la dispersión de los barrios residenciales, la menor densidad y el cambio en los hábitos de comercio y de ocio, con la ubicación de centros comerciales y recreativos en la periferia (figura 2).

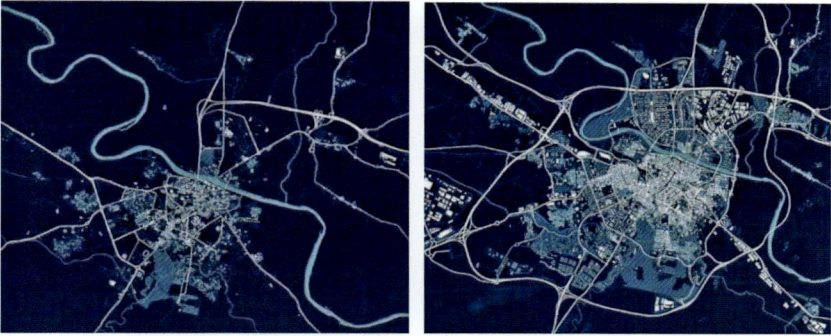

Figura 2. Mapas de Zaragoza de los años 1968 (izquierda) y 2018 (derecha), que reflejan el fuerte crecimiento urbano de la ciudad. Fuente: Monclús *et al.* (2018).

Esta evolución reciente de la capital ha ido acompañada de un importante aumento de los espacios verdes. La ciudad cuenta en la actualidad con 845 hectáreas de suelos vegetales, repartidos por más de 120 parques y áreas ajardinadas, el doble de la superficie existente antes de la Expo 2008. Esta expansión coloca a Zaragoza en la tercera capital verde de España, si se suman también las hectáreas que ocupan los montes, espacios naturales y riberas del término municipal.

| Juntas Municipales | Población | Densidad (hab/km²) |
|---|---|---|
| Delicias | 100 484 | 30 592 |
| Centro | 51 703 | 28 587 |
| Casco Histórico | 45 936 | 23 149 |
| San José | 64 805 | 17 606 |
| Universidad | 18 940 | 16 204 |
| El Rabal | 77 918 | 9303 |
| Almozara | 29 624 | 7863 |
| Oliver Valdefierro | 33 215 | 7654 |
| Las Fuentes | 41 859 | 6629 |
| Actur Rey Fernando | 55 674 | 5757 |
| Casablanca | 9994 | 1755 |
| Miralbueno | 14 178 | 1724 |
| Santa Isabel | 13 448 | 1687 |
| Distrito Sur | 41 323 | 683 |
| Torrero | 43 707 | 391 |
| *Zaragoza* | *704 917* | *729* |

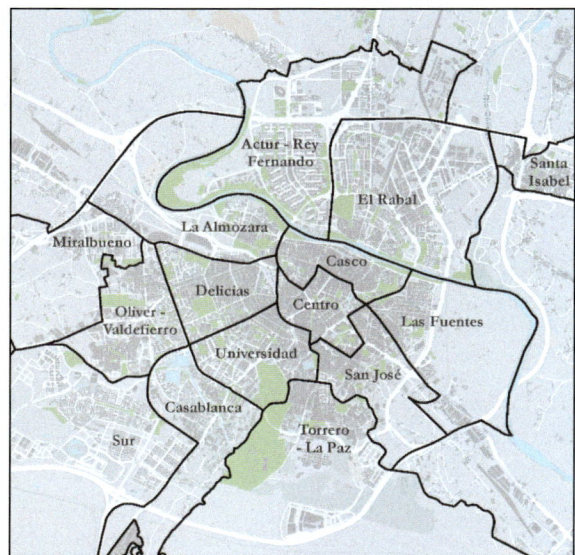

Figura 3. Mapa de localización de los distritos municipales de Zaragoza, con indicación de su población y densidad. Fuente: Padrón Municipal de Habitantes (fecha 01-01-2024).

A efectos administrativos, la ciudad está dividida en 15 juntas municipales, que conforman el núcleo demográfico principal, y 14 juntas vecinales, que abarcan los barrios rurales. La densidad de población del conjunto urbano es elevada, cercana a los 2797 habitantes por kilómetro cuadrado, pero presenta fuertes contrastes: los valores más altos se alcanzan en los distritos centrales de la ciudad, donde sobresale Delicias, con 30 592 habitantes por kilómetro cuadrado, siguiéndole el centro y el casco histórico. La densidad de los distritos que rodean esta área es bastante menor, aunque todos ellos tienen valores por encima de los 5000 habitantes por kilómetro cuadrado; a partir de aquí, disminuyen los efectivos demográficos y las densidades son cada vez más bajas (figura 3).

## 2.2. Rasgos generales del clima de Zaragoza

El clima en las tierras centrales del valle del Ebro es mediterráneo, con marcada influencia continental, consecuencia de un dispositivo orográfico en forma de cubeta, con un amplio sector deprimido en su interior y relieves vigorosos en los extremos que las alejan de la acción suavizadora del mar (Cuadrat, 1999). Las precipitaciones son muy débiles: tan solo 326 milímetros de media anual recibe Zaragoza, repartidas entre dos cortos períodos de lluvia en primavera y otoño, separados por dos acentuados mínimos en verano e invierno. El verano, al igual que ocurre en todo el ámbito mediterráneo, es muy pobre en lluvias; en esta época, el predominio de condiciones anticiclónicas explica la baja pluviometría, interrumpida algunas veces por la presencia de tormentas locales que aportan cierto grado de humedad. El período seco invernal es tan intenso como el mínimo de verano, debido a la frecuente presencia sobre suelo peninsular del anticiclón centroeuropeo o de una dorsal de este unida al anticiclón de las Azores que bloquean las borrascas atlánticas. En primavera y otoño, las lluvias aumentan gracias a los temporales del Atlántico y, en ocasiones, a las perturbaciones mediterráneas, pero siempre cantidades escasas, que explican el paisaje árido y seco del entorno de Zaragoza y gran parte del centro de Aragón, al margen del mosaico verde que conforman las tierras de regadío y las aguas de los ríos Ebro, Gállego y Huerva.

La continentalidad del clima se comprueba también en las temperaturas y los contrastes en su régimen anual. La temperatura media es elevada, 15,5 °C, pero caracterizada por la marcada oscilación entre el invierno y verano, del orden de 18 °C en las amplitudes medias y de 57 °C en las extremas. La intensidad de estas diferencias fracciona el año térmico en dos períodos bien marcados —uno es el invernal, frío y prolongado, y otro el estival, cálido y a veces agobiante—, siendo las estaciones intermedias etapas de transición de duración muy limitada y caracteres poco perceptibles. Las temperaturas veraniegas se encuentran entre las más altas de la península ibérica, tan solo superadas por los elevados valores de la cuenca del Guadalquivir. Además, el calor puede ser sostenido y sofocante durante días; únicamente los paréntesis de la actividad tormentosa o la presencia del refrescante viento cierzo logran mitigar la temperatura ambiente de la ciudad. Julio es el mes más caluroso del año, aunque la diferencia con respecto a agosto es muy pequeña. El promedio en el observatorio de Aemet del Aeropuerto de Zaragoza es de 24,3 °C, siendo la máxima más elevada observada oficialmente en la capital aragonesa de 44,5 °C el año 2015. En el extremo opuesto, enero y febrero registran valores inferiores a 7 °C de media, y han llegado a descender hasta −13,4 °C en enero de 1946, lo que indica el rigor del invierno. Además, en situaciones de tipo anticiclónico, el aire frío se estanca en el fondo de la cubeta, dando origen a fuertes inversiones térmicas, acompañadas en ocasiones de intensas nieblas. No obstante, salvo los momentos centrales, pequeños paréntesis térmicos de aire templado permiten disfrutar de cortos momentos soleados y temperaturas suaves que, en muchos casos, logran disipar la sensación de frío invernal.

TABLA 2

*VALORES CLIMATOLÓGICOS NORMALES (MENSUAL/ANUAL).*
*ZARAGOZA, AEROPUERTO*

| Mes | T | TM | Tm | R | H | DR | DN | DT | DF | DH | DD | I |
|---|---|---|---|---|---|---|---|---|---|---|---|---|
| Enero | 6,6 | 10,5 | 2,7 | 21 | 75 | 4 | 0,7 | 0 | 6,5 | 7,6 | 4,6 | 131 |
| Febrero | 8,2 | 13,1 | 3,3 | 22 | 67 | 3,9 | 0,4 | 0,1 | 2,9 | 5,2 | 5,1 | 165 |
| Marzo | 11,6 | 17,3 | 5,8 | 19 | 59 | 3,7 | 0,2 | 0,3 | 0,4 | 1,4 | 6,7 | 217 |
| Abril | 13,8 | 19,6 | 7,9 | 39 | 57 | 5,7 | 0 | 1,4 | 0,2 | 0,1 | 4,6 | 226 |
| Mayo | 18 | 24,1 | 11,8 | 44 | 54 | 6,4 | 0 | 4,1 | 0,3 | 0 | 4,5 | 274 |
| Junio | 22,6 | 29,3 | 15,8 | 26 | 49 | 4 | 0 | 3,9 | 0,1 | 0 | 8,2 | 307 |

| Mes | T | TM | Tm | R | H | DR | DN | DT | DF | DH | DD | I |
|---|---|---|---|---|---|---|---|---|---|---|---|---|
| Julio | 25,3 | 32,4 | 18,3 | 17 | 47 | 2,6 | 0 | 3,8 | 0 | 0 | 14,6 | 348 |
| Agosto | 25 | 31,7 | 18,3 | 17 | 51 | 2,3 | 0 | 3,7 | 0 | 0 | 10,9 | 315 |
| Septiembre | 21,2 | 27,1 | 15,2 | 30 | 57 | 3,2 | 0 | 2,8 | 0,2 | 0 | 8 | 243 |
| Octubre | 16,2 | 21,4 | 11 | 36 | 67 | 5,4 | 0 | 1 | 1 | 0 | 5,4 | 195 |
| Noviembre | 10,6 | 14,8 | 6,3 | 30 | 73 | 5,1 | 0,1 | 0,1 | 3,9 | 1,9 | 4 | 148 |
| Diciembre | 7 | 10,8 | 3,2 | 21 | 76 | 4,8 | 0,5 | 0,1 | 7,1 | 6,5 | 4,3 | 124 |
| *Año* | *15,5* | *21* | *10* | *322* | *61* | *51,1* | *2,4* | *21,3* | *22,5* | *23,1* | *81,6* | *-* |

*T:* temperatura media (°C). *TM:* media de las temperaturas máximas diarias (°C). *Tm:* media de las temperaturas mínimas diarias (°C). *R:* precipitación media (mm). *H:* humedad relativa media (%). *DR:* número medio de días de precipitación superior o igual a 1 mm. *DN:* número medio de días de nieve. *DT:* número medio de días de tormenta. *DF:* número medio de días de niebla. *DH:* número medio de días de helada. *DD:* número medio de días despejados. *I:* número medio de horas de sol. Fuente: Aemet.

Los vientos de superficie son otra variable meteorológica de notable significación en el clima de Zaragoza, tanto por la frecuencia con la que soplan como por los caracteres particulares que imprimen al clima. Su velocidad media es de 19 kilómetros por hora y, en un 60 % de las observaciones, alcanza una velocidad superior a los 12 kilómetros por hora, velocidad umbral a partir de la cual los efectos comienzan a ser más perjudiciales que beneficiosos. En el centro del valle no son extrañas velocidades de 100 kilómetros por hora, siendo la máxima registrada una racha de 135 kilómetros por hora, con dirección sudoeste, medida en el observatorio del aeropuerto el 1 de julio de 1954, con la serie de datos disponible desde 1943. Sus mecanismos son esencialmente un efecto topográfico. Los diferentes flujos de aire de cualquier procedencia se canalizan en el corredor abierto entre el Pirineo y el Sistema Ibérico, adquiriendo dos claras componentes: oeste-noroeste (ONO), al que se denomina cierzo, y este-sudeste (ESE), llamado bochorno. Por esta razón, las rosas de los vientos de las tierras centrales aragonesas se deforman y alargan en sentido NO-SE, que es precisamente el de la dirección del río Ebro, mientras que el resto de las direcciones corresponden a situaciones de transición, de mucha menor frecuencia e intensidad (figura 4).

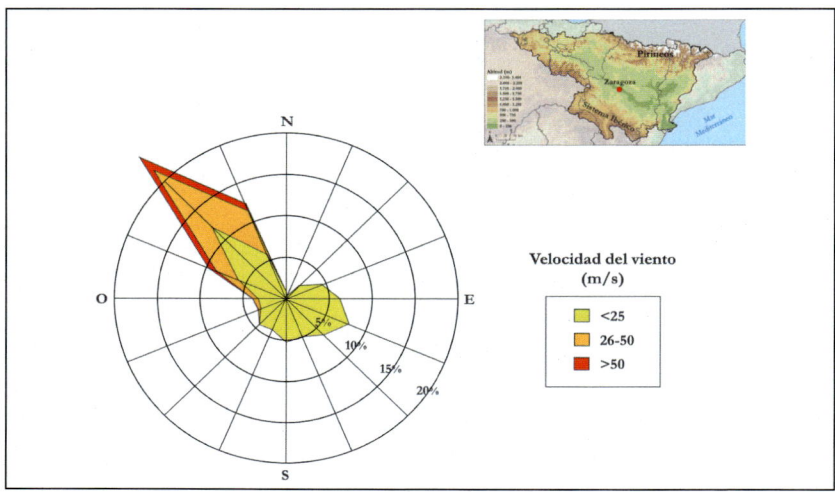

Figura 4. Rosa de los vientos de Zaragoza (observatorio Aeropuerto) del período 2015-2020. Frecuencia del viento, en %, e intensidad del mismo en metros/segundo. Y mapa de ubicación de
Zaragoza en el valle del Ebro. Fuente: Cuadrat *et al.* (2022).

## 2.3. Factores urbanos modificadores del clima

Muchas de las características urbanas de Zaragoza ejercen influencia
sobre las condiciones generales del clima: algunas de ellas se pueden estimar por medio de parámetros cuantificables; otras son más difíciles de
medir, aunque se reconoce su capacidad de modificación. En términos
cualitativos, son destacables las expuestas a continuación.

### 2.3.1. Relieve

Zaragoza se sitúa en la confluencia de tres cauces fluviales: el río
Ebro, vertebrador natural del territorio, y sus afluentes, los ríos Gállego y
Huerva. El área urbana ocupa 967 kilómetros cuadrados de una amplia
zona llana, con variaciones topográficas inferiores a 100 metros entre el eje
del río Ebro, ubicado a 199 metros sobre el nivel del mar, y la zona más
elevada al sur de la ciudad, en las lomas de los denominados Pinares de
Venecia, a 280 metros sobre el nivel del mar (figura 5). El espacio sobre el
que se asienta la ciudad corresponde en buena parte a las terrazas fluviales

correspondientes a los materiales abandonados por el Ebro y en menor medida del Gállego y el Huerva. Estas terrazas tienen un importante desarrollo a lo largo del valle medio del Ebro, con la particularidad de que en las proximidades de Zaragoza su presentación es totalmente disimétrica, cubriendo una amplísima superficie en la margen derecha del río Ebro, y casi desaparece en muchos puntos en la margen izquierda, donde un fuerte escarpe paralelo al curso fluvial contrasta con la planitud del lado derecho (Calvo Palacios, 1984).

En contacto con las terrazas se encuentran los glacis que descienden desde una serie de unidades topográficamente resaltadas, localizadas entre cada par de afluentes del Ebro, como son La Muela de Zaragoza, los Montes de Castejón, la sierra de Alcubierre y la Plana de Zaragoza. La pendiente de estos glacis es muy reducida, inferior al 5 %, lo que ha simplificado llevar hacia ellos el crecimiento de la ciudad con actuaciones tales como las de Montecanal o la Feria de Muestras, y más recientemente con nuevos equipamientos y servicios, además de nuevas áreas residenciales, como Valdespartera, Rosales del Canal y Arcosur. En definitiva, el relieve en el que se emplaza Zaragoza está formado por una amplia superficie de terrazas y glacis, que tienen como denominador común la planitud y las escasas o nulas pendientes, lo cual ha facilitado el asentamiento de la ciudad y su expansión.

Figura 5. Mapa de altitud de Zaragoza ciudad. Fuente: Instituto Geográfico Nacional.

## 2.3.2. Estructura urbana

La ciudad presenta un modelo espacial radiocéntrico, definido por cuatro cinturones urbanos concéntricos, seis ejes radiales o vías convergentes al núcleo y ejes transversales mediante los cuales se realiza la conexión inter e intrazonal de la ciudad. La articulación de este viario está condicionada por el cruce del río Ebro, que únicamente puede realizarse a través de los puentes que conectan sus márgenes y que unen los distintos barrios (figura 6). El centro geométrico de esta estructura lo constituye el «centro histórico», en la margen derecha del río Ebro, que coincide con la ciudad de comienzos del siglo XIX. Su heterogénea trama soporta aún importantes funciones religiosas, políticas, administrativas y comerciales, que lo mantienen como «centro» funcional de Zaragoza. Los condicionantes de la ciudad, primando su crecimiento en dirección norte-sur, han dado lugar a que el paseo de la Independencia esté consolidado como eje de mayor significación dentro de la centralidad comercial y financiera del centro actual. Su estructura interna se caracteriza por el elevado grado de ocupación del suelo, en particular residencial y terciario, y escasa presencia de zonas verdes.

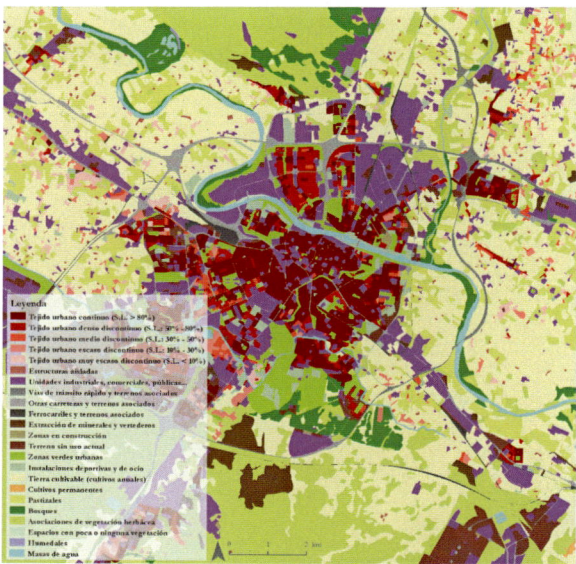

Figura 6. Mapa de cobertura y usos de suelo de Zaragoza. Fuente: Urban Atlas Land Cover/Land Use (2018), Copernicus.

En torno a este núcleo central, fruto de la considerable expansión de la ciudad, se desarrollan en orlas concéntricas las áreas residenciales de la ciudad. Estas orlas con densidades decrecientes, según se alejan del centro, poseen estructura propia, con equipamiento necesario (escolar, administrativo, deportivo, zonas verdes, etc.) a nivel de barrio, que se identifican con los polígonos definidos por la red arterial.

Por encima de este nivel, el espacio urbano ha registrado importantes transformaciones, con creación de nuevo tejido urbano y clara fragmentación territorial de los usos residenciales, industriales y de servicios, cuya textura difiere de la del tejido tradicional preexistente. Estos nuevos desarrollos se localizan anexos a la ciudad consolidada, de la que no están aislados, sino unidos a ella por las nuevas arterias de circulación y los lazos relativamente intensos de conexión generados por el uso de equipamientos y servicios (véase el trabajo de Escolano *et al.*, 2018). Esta fragmentación crea grandes unidades monofuncionales de forma irregular, delimitadas por las principales arterias de circulación: por un lado, la vía de circunvalación Z-30, que marca aproximadamente el límite físico y percibido del espacio urbano compacto tradicional y, por otro, la vía Z-40, que hoy constituye el límite exterior de la superficie de suelo urbanizable. La mayor parte de las actuaciones para la creación de suelo residencial está delimitada por las vías Z-30 y Z-40. En esta corona se ubican los grandes barrios sociales (Arcosur, Valdespartera, Parque Venecia, Montecanal y Rosales del Canal). En el interior de este anillo se localizan también otros usos de suelo especializados que ocupan grandes superficies, como las dedicadas a centros comerciales (Alcampo, Plaza Imperial y Puerto Venecia) o servicios como los judiciales (Ciudad de la Justicia en el espacio Expo 2008) y universitarios (Campus Río Ebro de la Universidad de Zaragoza). En cambio, la mayor parte del suelo industrial creado se ubica en una franja adyacente, por el exterior, a la vía Z-40, donde algunos polígonos destacan por sus enormes dimensiones, en especial la plataforma logística Plaza, el polígono Empresarium y el Parque Tecnológico del Reciclado.

En los sectores de nuevo desarrollo, por lo general, la proporción entre la superficie edificada y la superficie total de las parcelas es considerablemente menor que en el tejido histórico. En lo que se refiere al dominio privado, en el casco histórico y los barrios tradicionales, las parcelas están casi totalmente ocupadas por la edificación y patios de luces, a veces muy exiguos; en cambio, en las nuevas áreas urbanizadas, los edificios comparten el suelo con otros espacios, como jardines, zonas de juego, piscinas y porches, en particular en los condominios.

Esta configuración dibuja un entramado de unidades territoriales monofuncionales y discontinuas en las áreas de expansión urbana recientes, claramente diferenciadas del espacio urbano central consolidado, pero con el que mantiene buen anclaje y con el que forman un complejo sistema de conexiones espaciales y funcionales por los cuales la ciudad se desarrolla.

### 2.3.3. Espacios verdes

Dentro de la estructura urbana, las masas verdes forman espacios singulares que influyen sobre el clima, porque aportan sombra y ayudan a regular la temperatura y la humedad, a la vez que ofrecen unas condiciones ambientales benignas o de confort climático para protegerse de un contexto desfavorable. Según el Observatorio Urbano de Ebrópolis (2021), en la ciudad hay 778 hectáreas de zonas verdes urbanas, además de 67 hectáreas de parques localizados en su entorno periurbano, que suponen un 18,3 % de las superficies artificiales y una ratio de 12,1 metros cuadrados por habitante. Atendiendo a estos datos, Zaragoza se sitúa entre las grandes ciudades españolas por la proporción de área verde urbana por habitante. Su reparto, en cambio, presenta fuertes contrastes espaciales (figura 7). En el núcleo urbano central, de gran compacidad y elevado grado de edificación, se localiza un número reducido de plazas y áreas ajardinadas, como el parque de Delicias, la plaza de los Sitios, el parque de la Aljafería, el parque Miraflores y otros más pequeños, que constituyen auténticas islas especialmente agradables en los meses calurosos; sin embargo, sus dimensiones son reducidas y representan un porcentaje muy bajo de terreno verde.

Fuera de esta corona central, en todos los distritos hay presencia de zonas verdes, algunas de ellas de extensión considerable. El Parque del Agua Luis Buñuel, construido para la Expo 2008 en el meandro de Ranillas, es la mayor de todas ellas, con 1 208 000 metros cuadrados de superficie; le siguen el Parque Lineal de Plaza, a lo largo del cauce del canal Imperial (712 938 metros cuadrados), y el Parque Grande José Antonio Labordeta (437 973 metros cuadrados), sin duda el parque tradicional y el más emblemático de Zaragoza (figura 8). Se suman a estas zonas verdes otros espacios de menor superficie, pero igualmente de apreciable función ambiental, como el Parque del Tío Jorge, Parque Oliver, Montecanal o Lagos de Valdespartera, además del denominado Anillo Verde, una vía continua para peatones y ciclistas en la ribera del Ebro y del Gállego que conecta diversos parques y paseos urbanos.

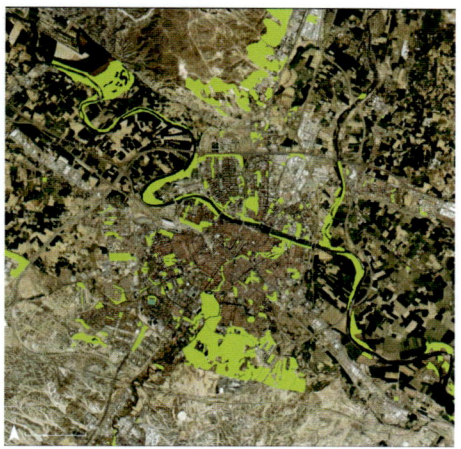

Figura 7. Zonas verdes de Zaragoza. Fuente: Urban Atlas Land Cover/Land Use (2018), Copernicus.

Figura 8. Vista del Parque Grande José Antonio Labordeta desde el monumento al rey Alfonso I el Batallador. Fotografía de Samuel Barrao.

A estas zonas verdes urbanas y periurbanas hay que añadir varios espacios naturales en el límite del término municipal, como son la reserva natural dirigida de los Sotos y Galachos del Ebro, los montes de Torrero y el Vedado de Peñaflor, de gran extensión y valor ecológico, que actúan como espacio de transición entre el tejido urbano y las áreas de clara orientación agrícola que rodean la ciudad.

# 3.
# FUENTES DE INFORMACIÓN Y METODOLOGÍA DE ESTUDIO DEL CLIMA URBANO DE ZARAGOZA

*a) Información instrumental de Aemet*

La primera información empleada por el grupo de investigación del clima de la Universidad de Zaragoza ha sido la disponible en la base de datos de la Agencia Estatal de Meteorología, Aemet, referida a los observatorios de Zaragoza y su entorno (figura 9). Con ella se han identificado los rasgos generales del clima de la ciudad en el contexto del clima regional en el que se sitúa, y a la vez se han analizado las diferencias térmicas campociudad y se ha examinado la evolución y tendencia de las temperaturas de los últimos decenios.

Por desgracia, la longitud de las series de datos registradas en cada una de las estaciones meteorológicas es muy dispar, y con frecuencia están afectadas por circunstancias ajenas al comportamiento del clima, tales como variaciones de emplazamiento, cambios de instrumentación, alteración del entorno de los observatorios, etc.; por este motivo, para la obtención de una base de datos única y de calidad, que permita el solapamiento de los datos, las series climáticas se han sometido a un proceso de control y análisis de homogeneidad para que cualquier cambio o tendencia registrado sea respuesta directa de la evolución del clima y no de aspectos externos distintos de los climáticos.

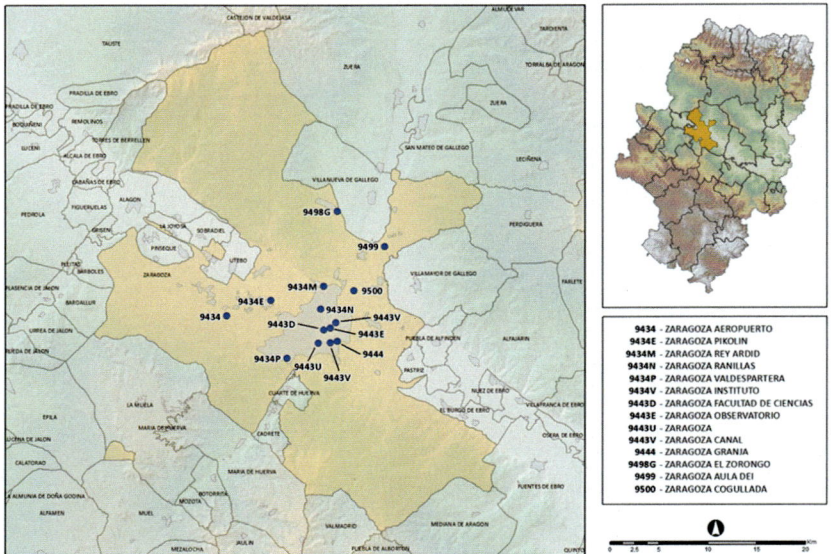

Figura 9. Localización de los observatorios de Zaragoza y su entorno que han realizado mediciones meteorológicas. En la actualidad, buen número de ellos han cesado su actividad. Fuente:
Aemet.

Para abordar este problema se ha seguido la metodología implementada
por la Organización Meteorológica Mundial, en la acción COST ESO601
HOME, generadora del método HOMER para la homogeneización de series mensuales y anuales de temperatura (Mestre *et al.,* 2013). Mediante la
contextualización de cada dato mensual de una serie con sus series vecinas y
climáticamente próximas, pueden detectarse valores anómalos o fuera de
rango climático *(outliers)*. Se han revisado todos aquellos valores mensuales
con una diferencia evidente respecto al promedio de las series vecinas (por
ejemplo, valores mensuales de temperatura, con una diferencia superior/in-
ferior a 3 °C respecto al valor promedio en ese mismo mes). Una vez detec-
tados estos valores erróneos, y siempre que ha sido posible, se han consultado
las fuentes originales para confirmar el error y sustituirlo por los valores
correctos. Si no ha sido posible, el valor se ha eliminado.

El trabajo del análisis de homogeneidad consiste en una sucesión de
ciclos: un ciclo de detección, seguido de un ciclo de corrección o de ajuste,
al que le sigue un nuevo ciclo de detección y corrección. Con el apoyo de

los metadatos disponibles, se ha realizado una aproximación estadística para detectar las discontinuidades en las series mensuales e identificar de manera más fiable la naturaleza de la discontinuidad. En todas las metodologías que intentan detectar los puntos de discontinuidad/ruptura, el principal reto es determinar si ese punto lo es realmente y no es fruto del azar o de un artificio estadístico. Este método asume que cada uno de los valores de las series que forman el conjunto para homogeneizar puede ser descompuesto en un efecto climático, común a todas ellas, y un efecto de estación, constante en caso de serie homogénea, y variable en el tiempo, en caso de ser inhomogénea. Este procedimiento añade la posibilidad de realizar la detección simultánea en el conjunto de series y permite la sistematización y automatización del proceso de análisis de homogeneidad. A modo de resumen, la figura 10 muestra el esquema de trabajo seguido, indicando las diferentes fases de detección y ajuste.

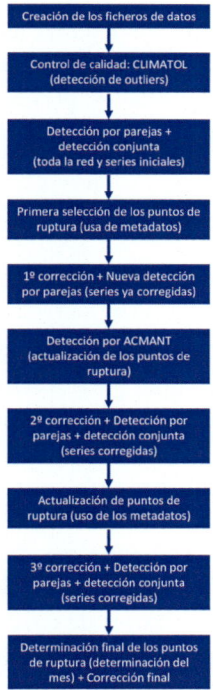

Figura 10. Proceso de evaluación del control de calidad y análisis de homogeneidad definido por HOMER. Fuente: Serrano-Notivoli *et al.* (2019).

## b) Transectos urbanos

Para conocer la configuración o forma de la isla de calor y de sequedad, es necesario disponer de un amplio número de registros de temperatura y humedad del área urbana, que por lo general las redes de observación fijas no cubren adecuadamente; en estos casos, un método muy eficaz es el de los recorridos o transectos urbanos con automóviles equipados con sensores termohigrométricos, que facilitan la obtención de datos en diferentes lugares representativos de la ciudad y de su entorno. El objetivo es multiplicar el número de puntos de observación en un área tan compleja como la urbe y su periferia, para lograr un conocimiento más detallado de su clima, imposible de alcanzar con los registros de los escasos observatorios fijos.

La metodología de los transectos es una de las más empleadas en el estudio de la distribución espacial de los valores de temperatura y humedad en las ciudades y ha permitido detectar las características de la configuración de la isla de calor y de la isla de sequedad, además de la elaboración de las diferentes cartografías y perfiles de cada itinerario, para mostrar el campo térmico y de humedad horizontal en la urbe y su área circundante. Este procedimiento es el que ha hecho posible estimar los valores máximos de la intensidad del fenómeno en Zaragoza, conocer las diferencias entre distintos barrios y observar tanto sus variaciones espaciales como temporales.

## c) Sensores termohigrométricos

La información más novedosa para el estudio del clima la proporcionan los datos horarios de temperatura y humedad relativa que, desde el año 2015, registra la red de 21 sensores termohigrométricos instalados por el grupo de investigación «Clima, agua y cambio global», del Departamento de Geografía de la Universidad de Zaragoza, en colaboración con el Departamento de Medio Ambiente del Ayuntamiento de Zaragoza y con la Agencia Estatal de Meteorología. Los datos obtenidos por esta red permiten disponer de valores horarios de temperatura y humedad relativa y ayudan a conocer mejor la isla de calor urbana, la isla de sequedad o la presencia de olas de calor, además de mejorar la información que alimenta los modelos de predicción de calidad del aire en la ciudad.

Zaragoza es una de las primeras ciudades europeas en implantar este tipo de redes y en hacer públicas sus mediciones. La monitorización del área urbana y su entorno inmediato realizada con estos sensores aporta un nuevo conjunto de datos de alta resolución temporal y espacial que, en combinación con la red de seguimiento meteorológico de Aemet, permite un análisis continuo y más preciso del clima urbano y, además, ha abierto nuevas vías para evaluar la vulnerabilidad de la ciudad frente al calentamiento global y poder plantear estrategias de adaptación.

## d) Termografías

La medición de la temperatura con una cámara termográfica, comúnmente denominada termografía, es una técnica que permite obtener información sobre la intensidad de radiación infrarroja que emite un cuerpo y calcular su temperatura a distancia. Esta técnica, integrada en estudios específicos del comportamiento térmico de las diferentes superficies de la ciudad (fachadas de edificios, tejados, asfalto, espacios verdes, etc.) posibilita una buena estimación de la isla de calor, porque la temperatura de la superficie permite comprender el influjo de los materiales y, en particular, la forma en que contribuyen al calentamiento del aire ambiente. Es conocido que las superficies artificiales, al contrario que las vegetales, absorben gran cantidad de energía de la radiación solar durante el día y es devuelta a la atmósfera por la noche, favoreciendo de este modo el incremento de la temperatura del aire y la formación de la ICU.

Los patrones de luz solar y sombra y los variados balances de energía superficial de los materiales que encontramos en la ciudad dan como resultado una gran diversidad de microclimas, pero el hecho principal que se extrae de todos los estudios de clima urbano es que las superficies artificiales tienden a ser más calientes que las superficies naturales del suelo. Un buen ejemplo de la compleja estructura de temperatura del entorno urbano puede verse en las imágenes térmicas de Zaragoza de la figura 11, tomadas con cámara termográfica el 5 de agosto de 2024, entre las 4:00 y 5:00 horas de la tarde, con un 29 % de humedad y viento en calma.

Las imágenes seleccionadas de distintos puntos de la ciudad revelan un medio complejo, compuesto por superficies cálidas (calles y fachadas iluminadas por el sol) y frías (césped y aceras sombreadas), que crean un entorno heterogéneo, que se relaciona con la variada cubierta de superficie, los materiales de construcción y la geometría urbanizada:

— En el caso de la plaza del Pilar, la fachada de la catedral expuesta a la luz solar directa es el objeto más cálido de la imagen (color rojo); en cambio, el lado del edificio que no está orientado al sol y las áreas sombreadas de paredes y suelo son relativamente frescas (verde claro).

— En el paseo de la Independencia, es notable la diferencia térmica entre ambas fachadas del paseo por su diferente exposición a la luz solar, pero lo más destacado es el contraste entre la zona arbolada, más fresca (verde y amarillo), y las altas temperaturas del pavimento central (rojo) por donde circulan los vehículos. Los objetos más cálidos son las vías del tranvía, por su estructura metálica, mientras que el lugar más fresco en esta imagen es el interior del tranvía, con aire acondicionado.

— Respecto al Parque Grande José Antonio Labordeta, la imagen es una demostración clara del efecto refrigerante de la vegetación. La extensa superficie arbolada del parque, por la capacidad de absorción de energía radiante que tienen las hojas a través de la transpiración, es bastante más fresca que la superficie peatonal del primer plano (rojo). También son muy visibles las diferencias entre las áreas situadas bajo la sombra de los árboles y las más expuestas a la radiación solar. Las zonas más frías en la imagen son los estanques (azul), con el agua en continuo movimiento.

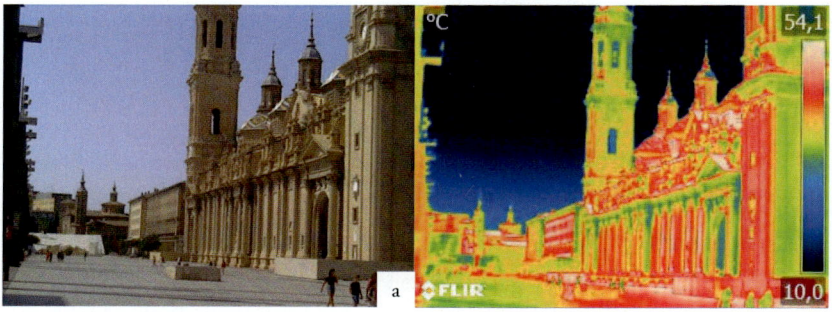

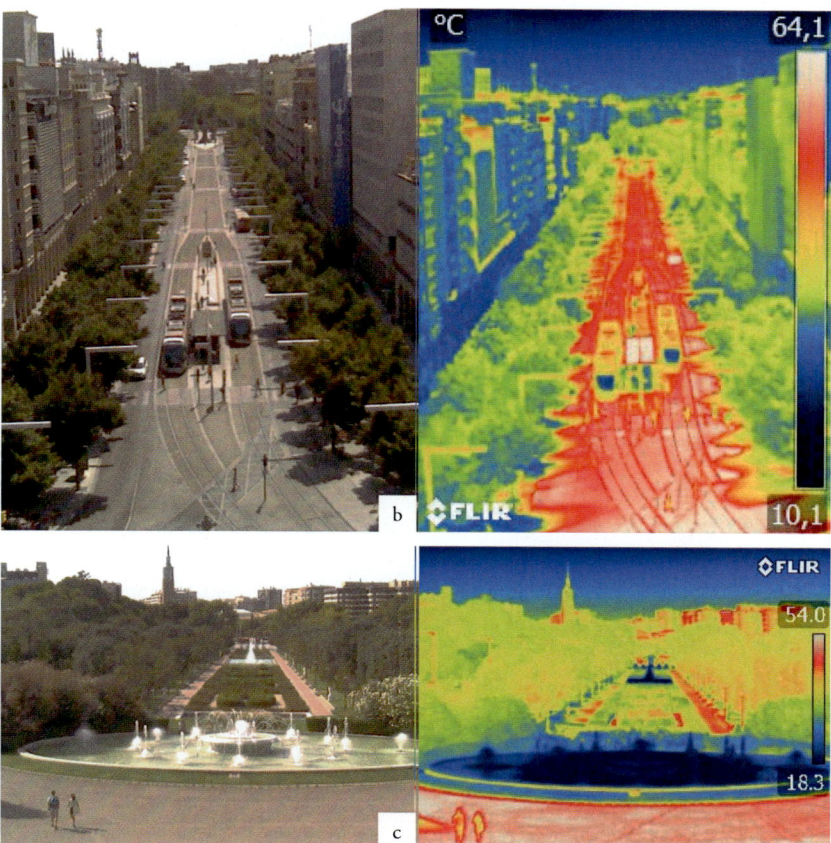

Figura 11. Imágenes visibles e infrarrojas (térmicas) de tres paisajes urbanos de Zaragoza: *a)* plaza del Pilar, *b)* paseo de la Independencia y *c)* Parque Grande José Antonio Labordeta. (Créditos: Begoña García, IPE-CSIC).

Las imágenes térmicas tomadas de varias superficies de la ciudad muestran también la diversidad de temperaturas que nos rodean y evidencian el impacto que sobre las mismas tiene el tipo de materiales empleados en el espacio público. En este caso, las mediciones se realizaron en el centro de la ciudad, en el paseo de la Independencia, a las 17:00 horas, el momento más caluroso del día. Según el observatorio oficial de Aemet, la

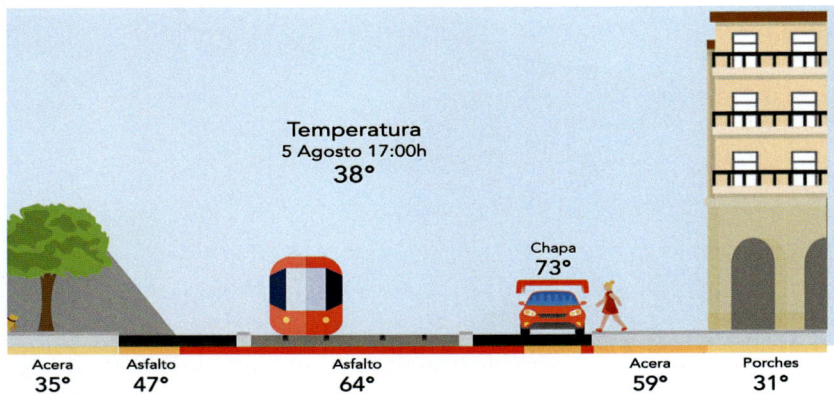

Figura 12. Temperaturas medidas en diferentes superficies del centro de Zaragoza a las 17:00 horas del día 5 de agosto de 2024. Temperatura del aire: 38 °C. (Créditos: Begoña García, IPE-CSIC).

temperatura del aire era de 38 °C; sin embargo, las superficies expuestas al sol alcanzaban valores mucho más altos, llegando a duplicar en ocasiones los registros de la temperatura del aire. En todos los casos, las áreas bajo la sombra de los árboles o de los porches eran significativamente más frescas que las de mayor exposición a la radiación solar; en cambio, la temperatura de la acera se acercaba a los 60 °C, y el asfalto, por su alta capacidad de absorción de energía y la circulación de los coches, irradiaba calor a 64 °C. El hecho particular de un coche de chapa oscura aparcado al sol registraba en ese momento 73 °C (véase la figura 12).

Estas mediciones contemplan localmente los principales factores condicionantes del clima urbano, como son el enfriamiento causado por la vegetación o la reflexividad de los materiales, y son fundamentales para caracterizar el comportamiento térmico de las diferentes superficies urbanas, pero también como parte integrante de las opciones que emprenda la ciudad en los programas de mitigación de la isla de calor y adaptación al incremento global de las temperaturas.

# 4.
# LA ISLA DE CALOR URBANA
# DE ZARAGOZA, ICU

En el estudio de la isla de calor de Zaragoza, se han analizado tres parámetros: la magnitud, la forma o configuración y la localización del máximo térmico. Estos rasgos de la ICU varían en función, sobre todo, de tres tipos de factores: temporales, que hacen referencia al momento del día y a la época del año; meteorológicos, relativos al estado del tiempo, y urbanos, relacionados con las características urbanas propias de la ciudad. El trabajo toma como referencia básica la información de Aemet y los datos de la red de sensores termohigrométricos, a los que se ha sometido a un riguroso control de calidad, para evaluar la presencia de lagunas de información, datos aberrantes e inhomogeneidades (véase apartado 3.3).

## 4.1. Intensidad y frecuencia de la ICU

La intensidad de la isla de calor se ha evaluado mediante la diferencia máxima observada en un instante determinado entre la temperatura de un punto del centro de la ciudad y otro de la periferia; en este caso, se ha utilizado la información térmica de los sensores de la plaza de Santa Marta y el de la Ciudad Deportiva del Real Zaragoza (figura 13).

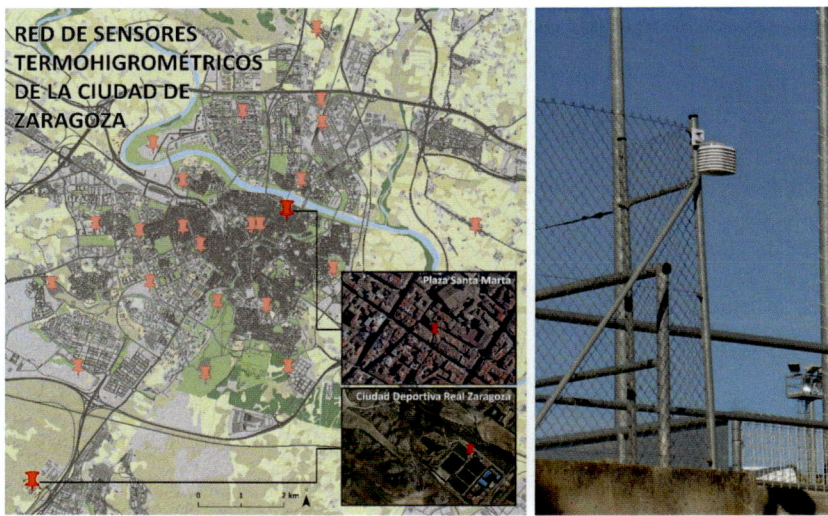

Figura 13. A la izquierda, red de sensores termohigrométricos de la ciudad de Zaragoza y detalle de la localización del observatorio urbano (plaza de Santa Marta) y del observatorio rural (Ciudad Deportiva del Real Zaragoza). Fuente: Instituto Geográfico Nacional e imágenes extraídas de Google Earth. A la derecha, soporte protector del termohigrómetro instalado en la Ciudad Deportiva del Real Zaragoza.

1. El sensor de la plaza de Santa Marta es puramente urbano, en pleno centro histórico, muy representativo del corazón de la ciudad, a 214 metros de altitud (24 metros superior al cauce del río Ebro), en un espacio densamente urbanizado, edificios de mediana altitud (4-5 plantas), poco arbolado, suelo en su mayor parte pavimentado y tráfico muy restringido. Como indican los diferentes estudios publicados, forma parte del entorno más cálido de Zaragoza (véanse, por ejemplo, Cuadrat *et al.*, 2005, y López Martín, 2011).

2. El sensor de la Ciudad Deportiva del Real Zaragoza es representativo del medio rural. Se localiza a 3 kilómetros de distancia, al sudoeste de la ciudad, a una altitud de 40 metros superior al sensor urbano. Se localiza en un espacio abierto, con arbustos y árboles leñosos cortos, contiguo a unas instalaciones deportivas y prácticamente sin tráfico rodado. Comparte las condiciones climáticas generales de Zaragoza y está expuesto al viento dominante del oeste sin interferencias de la ciudad.

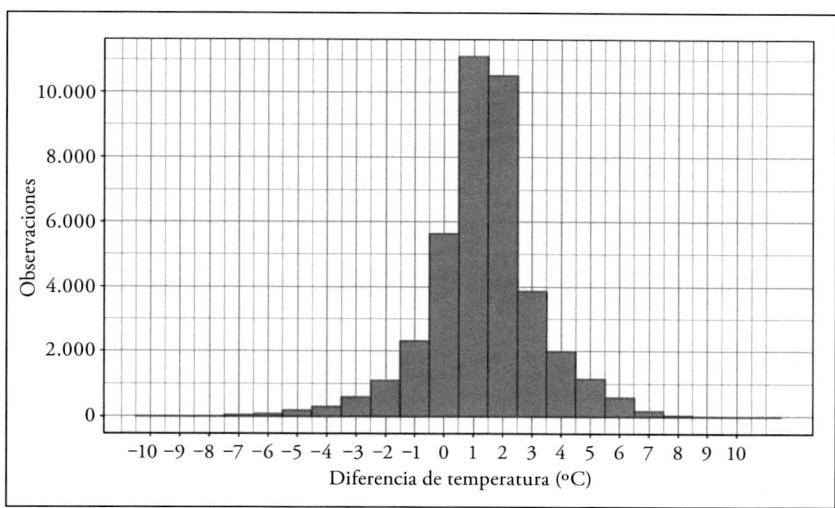

Figura 14. Histograma de las diferencias entre las temperaturas horarias del observatorio urbano (plaza de Santa Marta) y las del observatorio rural (Ciudad Deportiva), en el período 2015-2020. Eje de abscisas: diferencias de temperatura, en °C; eje de ordenadas: número absoluto de casos. Fuente: Cuadrat *et al.* (2022).

Las diferencias térmicas entre ambos sensores indican que la temperatura en el centro de la ciudad es, con mucha frecuencia, 1 o 2 °C más elevada que en el entorno. En situaciones de fuerte estabilidad atmosférica, son habituales diferencias de 2-3 °C, y contrastes aún mayores en momentos puntuales. Tal como indica la distribución de frecuencias de las diferencias entre los registros horarios del observatorio urbano y del observatorio rural, en los cinco años analizados, la temperatura en la plaza de Santa Marta fue inferior a la de la Ciudad Deportiva solo el 16 % de las horas; en las 84 % restantes, la temperatura fue igual o superior en la ciudad, lo cual indica claramente la existencia de una anomalía térmica positiva muy visible de la ciudad respecto al medio rural circundante (figura 14).

Los intervalos de clase de mayor frecuencia son 1 y 2 °C, con el 29 % de casos. El dato es digno de destacar y es acorde con los promedios esperados en una ciudad de estas características (Fernández *et al.,* 1998). El resto de los intervalos es bastante menor, aunque en varios momentos las diferencias ciudad-campo han sobrepasado los 7 °C y, en el caso excepcional del día 9 de junio de 2019, se llegaron a alcanzar los 10,5 °C a las 20:00

horas, como consecuencia de un particular episodio tormentoso, acompañado de precipitación y descenso de las temperaturas, que tuvo mayor efecto en el sur de la ciudad. Con mucha menor frecuencia, el centro urbano está más frío que el entorno rural. En este caso, las diferencias más habituales son de 1 y 1,5 °C en favor del medio rural, aunque también se han observado anomalías térmicas negativas de hasta 5 °C, en el 2 % de las ocasiones, o cercanas a los 6 °C en algún momento muy particular.

## 4.2. La isla de calor y la acción del viento

La isla de calor es un fenómeno dinámico, que depende no solo de los factores urbanos, sino que también influyen en ella, y de manera notable, las condiciones meteorológicas dominantes sobre la ciudad, lo que explica una parte fundamental de las variaciones en su intensidad y frecuencia. La intensidad máxima de la isla de calor se alcanza en noches de tiempo estable, viento en calma o flojo y cielo despejado, características que corresponden a situaciones atmosféricas de tipo anticiclónico; en sentido opuesto, el tiempo perturbado, la nubosidad, la lluvia y el viento son factores negativos que debilitan la isla y pueden hacerla desaparecer (figura 15).

Figura 15. Factores atmosféricos condicionantes de la ICU: *a)* condiciones favorables: cielo despejado y ausencia de viento y *b)* condiciones desfavorables: lluvia, niebla, cielo nublado o viento fuerte.

En el caso de Zaragoza el viento es uno de los elementos que más influye en el desarrollo de la isla de calor, por la frecuencia con la que se presenta y por la intensidad que llega a alcanzar, superior en ocasiones a 100 kilómetros por hora. Su acción se ilustra en la figura 16 y confirma la relación directa entre ambos fenómenos. En efecto, en ausencia de viento o con el soplo de una ligera brisa, las diferencias térmicas campo-ciudad alcanzan su máximo desarrollo: más de 7 °C algunos días, y un promedio de 2,7 °C (tabla 3). Las velocidades bajas, inferiores a 10 kilómetros por hora, implican una alta variabilidad, aunque siempre dominando las intensidades positivas. A partir de este valor, se produce una reducción esperada de la intensidad de la ICU, pero aún puede sobrepasar los 4 °C y mantiene promedios de 1,6 °C. Con velocidades superiores a 50 kilómetros por hora, la ICU prácticamente desaparece; no obstante, siempre permanece una débil isla, por el efecto abrigo que, con su morfología y sus edificios, genera la ciudad frente al medio rural. En general, la tasa media de descenso de la ICU es de −0,02 °C por cada kilómetro por hora de incremento en velocidad del viento, aunque con gran variabilidad por debajo de los 10 kilómetros por hora y muy estable por encima de los 30 kilómetros por hora, mostrando una distribución más similar a una exponencial negativa que a una relación completamente lineal.

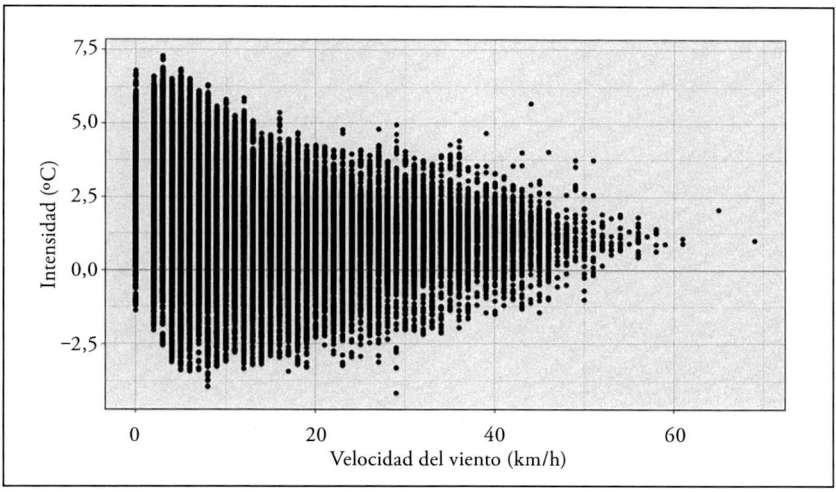

Figura 16. Intensidad de la isla de calor urbana de Zaragoza y su relación con la velocidad del viento. Fuente: Cuadrat *et al.* (2022).

TABLA 3
*VELOCIDADES DEL VIENTO Y VALORES PROMEDIO DE LA ISLA DE CALOR*

| Velocidad del viento km/h | ICU media ºC | Desviación estándar | Número de observaciones |
|---|---|---|---|
| 0 | 2,70 | 1,72 | 821 |
| 2-5 | 2,35 | 1,96 | 5113 |
| 5-10 | 1,57 | 1,75 | 6884 |
| 10-15 | 1,27 | 1,40 | 5938 |
| 15-20 | 1,14 | 1,27 | 4659 |
| 20-25 | 1,18 | 1,14 | 3394 |
| 25-30 | 1,22 | 1,05 | 3055 |
| 30-50 | 1,17 | 0,85 | 4573 |
| > 50 | 1,12 | 0,42 | 87 |

Velocidad del viento expresada en kilómetros por hora. ICU: intensidad media, en ºC, de la isla de calor entendida como la diferencia entre el dato registrado en el sensor de la Casa de la Mujer y el de la Ciudad Deportiva del Real Zaragoza. Número de observaciones en el período 2015-2020. Fuente: Cuadrat *et al.* (2022).

## 4.3. Ritmo diario y anual de la ICU

La isla de calor es un fenómeno esencialmente nocturno, cuando la energía almacenada en el interior de la ciudad es remitida a la atmósfera limitando su enfriamiento. Por el contrario, durante el día las diferencias campo-ciudad se reducen y la isla puede llegar a desaparecer e incluso generarse una verdadera isla de frescor. Estos contrastes térmicos están relacionados con el distinto ritmo de calentamiento y enfriamiento de las áreas urbanas y rurales y, lógicamente, con el ciclo diario y anual de la radiación solar.

### 4.3.1. Variación diaria de la ICU

Como consecuencia del ritmo de enfriamiento más rápido del campo frente a la ciudad, en la capital zaragozana la intensidad máxima de la isla de calor se alcanza a primeras horas de la noche, aproximadamente tres horas más tarde de la puesta de sol (en el 71 % de los casos), con valores promedio de la temperatura del aire superiores a los 2 ºC (véase la figura 17). La isla disminuye lentamente hacia el amanecer y, por la mañana,

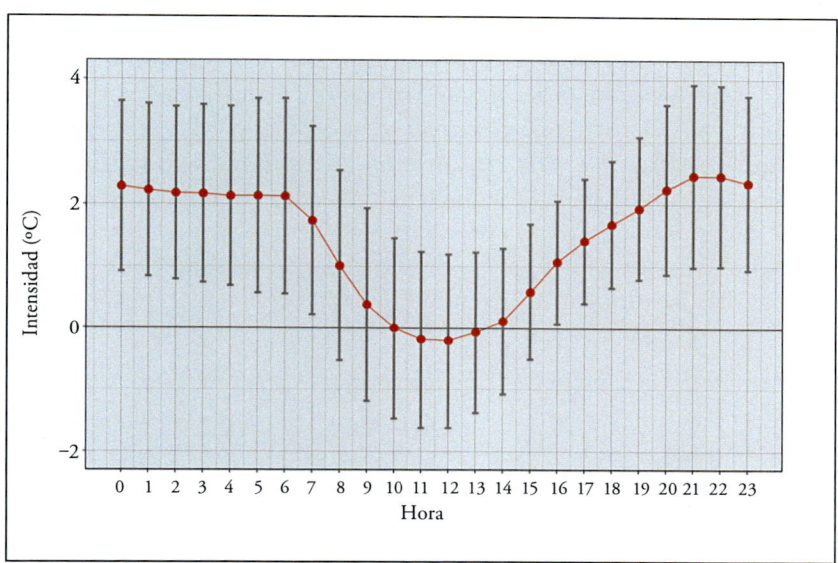

Figura 17. Variaciones horarias medias de la intensidad de la isla de calor entre el observatorio de la Casa de la Mujer y el de la Ciudad Deportiva del Real Zaragoza, en el período 2015-2020 (línea roja continua: valor promedio; líneas verticales: desviación estándar). Fuente: Cuadrat *et al.* (2022).

desaparece con rapidez cuando la zona rural comienza a recibir radiación y el ascenso de la temperatura en ella aumenta más deprisa que en la ciudad. Durante las horas centrales del día, entre las 11:00 y 13:00 horas, el efecto de sombra de los edificios frente a la radiación más directa que recibe el medio rural invierte la situación y puede formarse una débil isla de frescor, inferior a 1 °C. Por la tarde, la isla de calor se recupera al mismo ritmo que se produjo el descenso de la mañana, hasta llegar la noche, momento en que se inicia un nuevo ciclo.

Esta variación horaria de la ICU se reconoce muy bien cuando se comparan dos momentos extremos del día, las 00:00 h y las 13:00 horas TMG (figura 18). En este caso, los datos empleados fueron los del Aeropuerto de Zaragoza, al oeste de la ciudad, a 7 kilómetros de distancia, y los del sensor del Paraninfo, localizado en el centro del casco urbano. En la evolución de la isla a las 00:00 h, se aprecia con nitidez cómo el interior urbano tiene la mayoría de los días temperaturas más altas que su aeropuerto y, en escasas

ocasiones, la situación es la contraria. Estas diferencias campo-ciudad a las
00:00 horas se subrayan especialmente en verano (junio, julio y agosto),
por el alto predominio de condiciones atmosféricas anticiclónicas y tiempo
en calma, con valores que con frecuencia superan los 2 °C, y se acercan en
algunas ocasiones a los 4 °C; en invierno (diciembre, enero y febrero) la
situación es muy parecida, aunque más atenuada, tanto en su frecuencia
como intensidad, pues los valores máximos disminuyen y la isla pierde
regularidad. En las demás épocas del año, primavera y otoño, de tiempo
siempre más perturbado, la magnitud de la isla térmica es menor, oscila
entre 1 y 2 °C y pocas veces supera estas cifras.

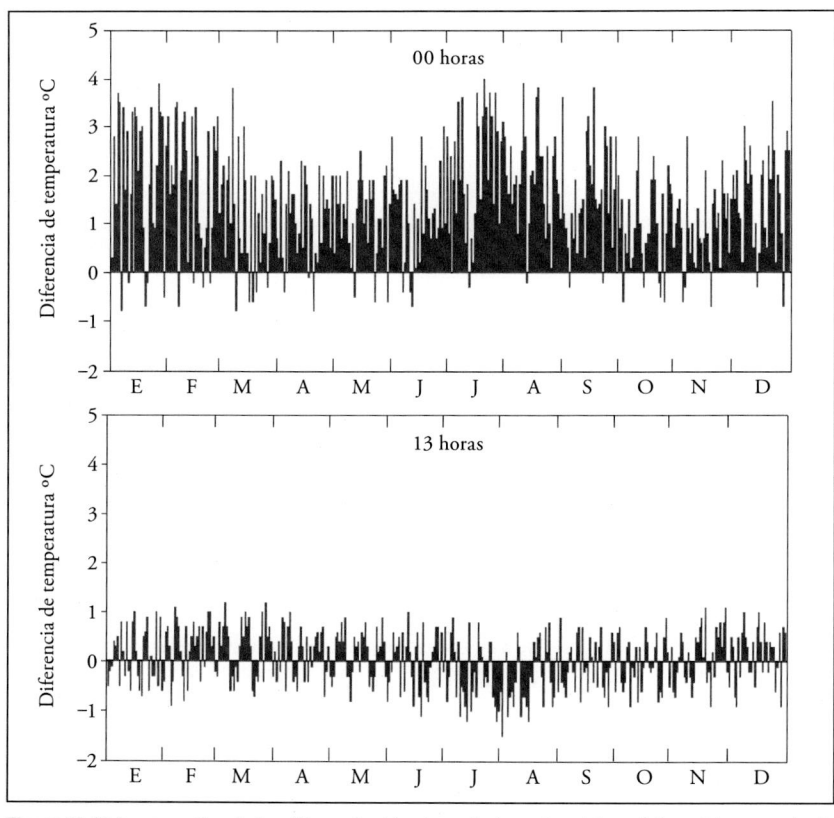

Figura 18. Valores medios de las diferencias térmicas diarias entre el Paraninfo y el Aeropuerto de
Zaragoza a las 00:00 h y a las 13:00 horas TMG. Fuente: Cuadrat (2004).

La observación a las 13:00 horas es bien distinta: la isla de calor es muy débil y muchos días el contraste entre el campo y la ciudad apenas se manifiesta y, a menudo, las temperaturas en el aeropuerto son más altas que en el centro urbano, donde las sombras que proyectan los edificios dificultan el calentamiento y originan grandes contrastes térmicos. Esta última situación es particularmente frecuente en verano, cuando el más rápido calentamiento diurno del campo frente a la urbe posibilita que, en ese momento, Zaragoza pueda estar más fresca que el aeropuerto, hasta 1 °C algunos días de julio y agosto. Durante los restantes meses del año, por esta mayor uniformidad entre el medio rural y el urbano, la isla de calor se contrae y disminuye hasta 0,5-1 °C. Respecto a su frecuencia, en primavera y otoño parece que se incrementa, pero son también muchos los días en los cuales las diferencias térmicas de la ciudad con el aeropuerto son negativas.

Para una mayor aproximación al análisis de las variaciones diarias de la temperatura del aire, los datos del período de estudio se dividieron en observaciones diurnas (las realizadas de 10:00 a 18:00 horas) y observaciones nocturnas (de 20:00 a 06.00 h); de esta forma, se eliminaron las horas cercanas al amanecer y al atardecer, cuando las condiciones de radiación pueden distorsionar las temperaturas por las sombras que se proyectan en esos momentos. De hecho, dependiendo de la hora, el día, la estación del año y la disposición de los edificios, pueden surgir particularidades climáticas muy locales no relacionadas con los factores climáticos generales de la ciudad. Los resultados indican que la intensidad de la ICU es más elevada por la noche (promedio de 1,7 °C) que por el día (0,9 °C). Durante las horas nocturnas el 50 % de la intensidad de la ICU cambia de 1,4 a 2,9 °C, mientras que durante el día lo hace de −0,2 a 1,5 °C (figura 19). Se observa, además, mayor dispersión de los datos en el caso diurno, lo cual indica también la mayor variabilidad que en ese momento tiene la intensidad de la isla.

Los datos subrayan, asimismo, otro rasgo muy común en los núcleos urbanos: en el interior de Zaragoza, la amplitud térmica diaria disminuye y es menor que en su entorno. Por el contrario, en el medio rural circundante la diferencia entre los valores máximos y mínimos es mayor, ya que en los momentos centrales del día las temperaturas suelen ser algo más altas y por la noche sensiblemente más frías.

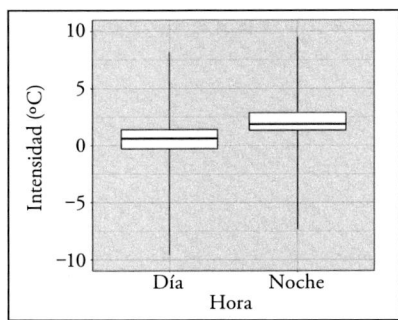

Figura 19. Variabilidad observada de la intensidad de la isla de calor urbana diurna (10:00 a 18:00 horas) y nocturna (20:00 a 06:00 horas) de la ciudad de Zaragoza. Fuente: Cuadrat *et al.* (2022).

Este patrón, con pocos cambios, responde al esquema general explicado por Oke (1996) y se repite en trabajos similares publicados en ciudades tan diferentes como, por ejemplo, Lisboa (Lopes *et al.*, 2013; Alcoforado *et al.*, 2014) o Berlín (Fenner *et al.*, 2014), pero en todos los casos se concluye que estos resultados esconden grandes contrastes temporales y espaciales que exigen ser analizados con estudios en detalle para cada ciudad, porque son notables las diferencias entre ellas, en función de los diversos factores geográfico-urbanos y meteorológicos que en cada una intervienen.

Una variación diaria similar a la de la ICU sigue la isla de calor urbano de superficie (ICUs), como puede observarse a través de las imágenes satelitales. El uso de la teledetección es una herramienta muy útil para conocer la temperatura de superficie de la ciudad, porque los sensores de los satélites miden la radiación térmica proveniente de los diferentes materiales del medio urbano y rural (edificios, asfalto, tejados, espacios verdes, etc.), por lo que la imagen es un buen indicador de aquella y, en consecuencia, permite una buena aproximación al conocimiento de la ICUs. Para su valoración, se han utilizado las imágenes del sensor MODIS (MODerate-resolution-Imaging_Specroradiometer) a bordo de los satélites Terra, de dos momentos del día (11:00-12:00 UTC —mediodía— y 21:00-23:00 UTC —medianoche—), correspondientes al 17 de febrero del año 2016, en el que la situación atmosférica era estable y el viento en calma (figura 20). Del examen de ambas imágenes sobresalen dos rasgos: el primero de ellos, el contraste térmico entre mediodía y medianoche, que en este caso llega a variar en más de 15 ºC y, en segundo lugar, la destacada isla de calor nocturna que genera la superficie de la ciudad. Por la mañana, en el medio rural las temperaturas son más elevadas que en la ciudad, por la incidencia más directa de la radiación solar, pero, por la noche, las superficies urbanas liberan progresivamente el calor almacenado durante el día y se forma una isla de calor de intensidad superior a los 4 °C, en esta ocasión. Destacable también en la imagen es el efecto del río Ebro como regulador del clima, al aportar humedad y facilitar el flujo del aire, con evidente repercusión en las temperaturas.

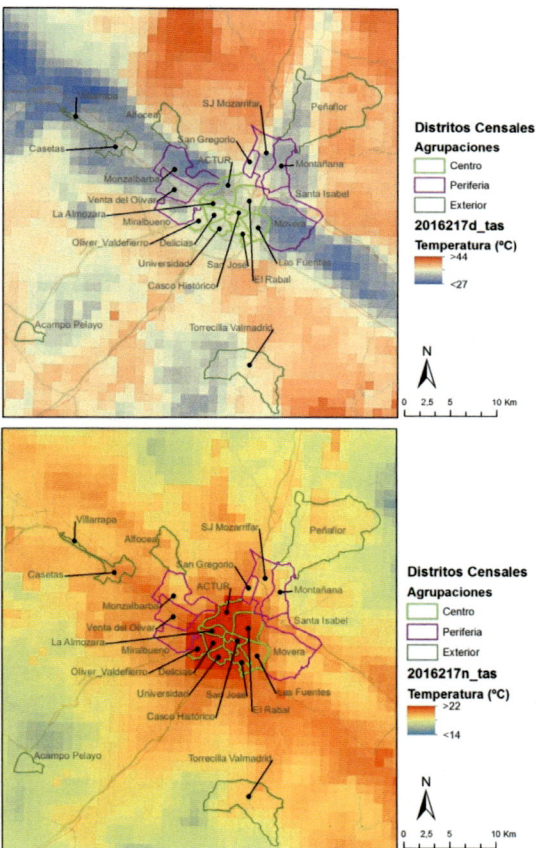

Figura 20. Distribución espacial de la temperatura de superficie (°C) en la ciudad de Zaragoza del día 17 de febrero de 2016, a mediodía (figura superior) y a medianoche (figura inferior), mediante la utilización del producto MOD11A2, del sensor Modis a bordo del satélite Terra. (Créditos: Fernando Pérez Cabello, Unizar).

## 4.3.2. Variación estacional de la ICU

Las diferencias de temperatura del aire entre el centro de la ciudad y el espacio rural de su entorno también muestran considerables variaciones estacionales. La característica principal es que las mayores diferencias ocurren en verano, se reducen en invierno y alcanzan los valores más bajos en primavera y otoño (figura 21). En los meses de junio, julio y agosto la intensidad de la isla de calor alcanza promedios de 2,5 °C, con máximos absolutos nocturnos de 8 °C. En esta época del año son frecuentes las situaciones atmosféricas anticiclónicas, acompañadas de muchas horas de sol que, unidas a la capacidad de acumulación y también generación de calor de la ciudad, son la causa del incremento de la ICU. En sentido contrario, también es en este período cuando es más frecuente la formación de islas de frescor, próximas a −0,5 °C. Ocurre al final de la mañana, cuando la radiación solar incide de manera directa sobre el medio rural, mientras que las sombras proyectadas por los edificios se cruzan parcialmente con la radiación solar que llega al interior de la urbe; como consecuencia, la temperatura del aire aumenta con mayor lentitud dentro del contexto

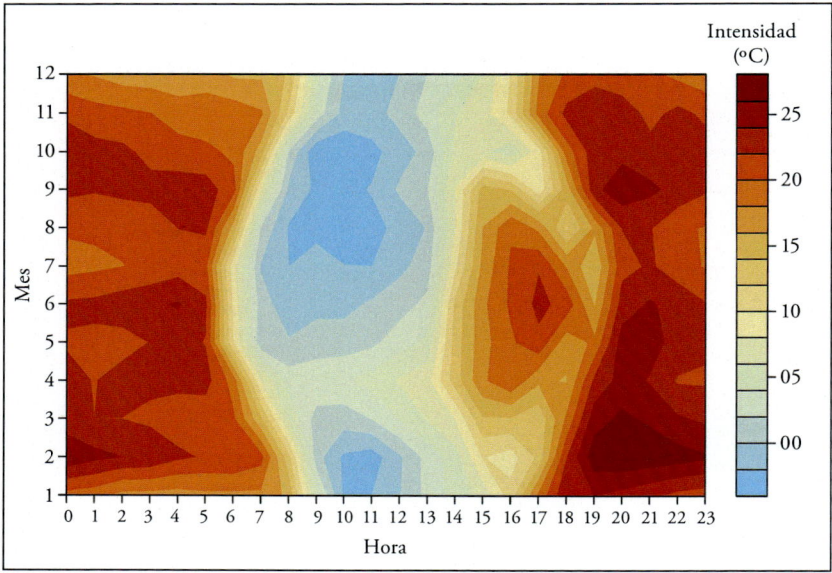

Figura 21. Intensidad media mensual y horaria de la isla de calor urbana en Zaragoza (2015-2020).

urbano en comparación con las áreas rurales. En invierno, las condiciones favorables a la formación de la ICU son menos comunes. De diciembre a febrero predominan también las situaciones anticiclónicas; sin embargo, la intensidad de la ICU es más débil y menos frecuente que en verano. Probablemente, una de las causas principales sean las nieblas que se forman en el valle del Ebro, por la estabilidad atmosférica, las cuales mitigan la radiación solar y las diferencias térmicas entre la ciudad y el campo. En otoño y primavera las intensidades de la ICU, por lo general, son menores.

Estas diferencias estacionales se reconocen muy bien cuando se observa la evolución de la intensidad de la isla de calor en los dos meses extremos del año: enero y junio (figura 22). La amplitud del ciclo diario en el mes de junio es superior al de enero, como resultado de las mayores intensidades de la isla de calor por la noche y una apreciable isla de frescor por el día. En junio, poco después del amanecer, la temperatura del medio rural, por la menor modificación de la radiación incidente y práctica ausencia de sombras, está en promedio unas décimas de grado más elevada que el interior de la ciudad y se genera una ligera isla de frescor durante

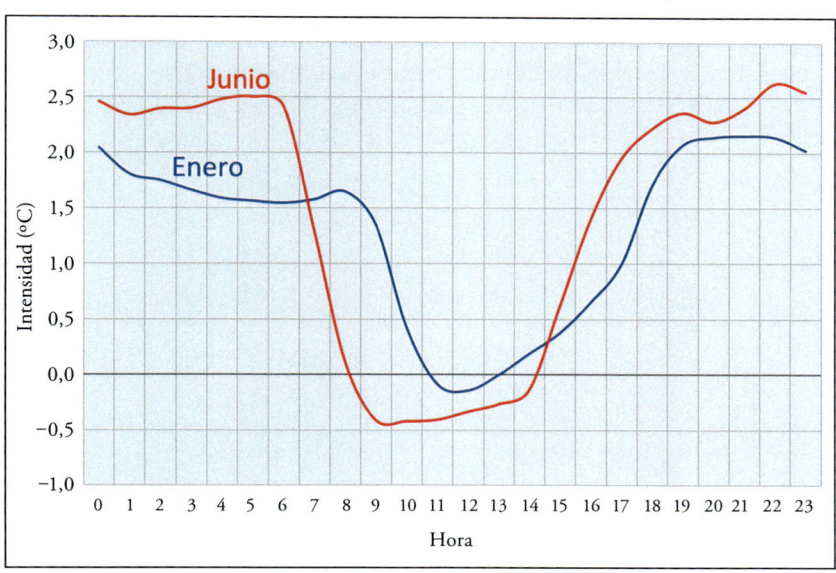

Figura 22. Variación horaria de la isla de calor urbana en junio y enero (período 2015-2020). Fuente: Cuadrat *et al.* (2022).

3-4 horas. La situación cambia al final de la tarde y por la noche. En este momento, la gran inercia calórica de la ciudad retrasa el enfriamiento del aire y se crea una permanente isla de calor de varias horas, cuyos valores rebasan los 2,5 ºC. En enero el ciclo es bastante similar, pero las diferencias térmicas entre el campo y la ciudad son menores: la isla de calor alcanza una intensidad de 2,2 ºC unas pocas horas al comienzo de la noche, y la isla de frescor de mediodía es casi nula.

Coinciden estos resultados con la mayoría de los estudios de clima urbano: la ICU es un fenómeno nocturno, cuyo valor máximo aparece poco tiempo después de la puesta del sol (entre dos-tres horas más tarde), persiste varias horas (en particular en verano) y disminuye lentamente hacia el amanecer. Estacionalmente, en Zaragoza la intensidad de la isla de calor se incrementa en verano, al igual que ocurre en un buen número de ciudades. Sin embargo, existen notables diferencias según las regiones, no siempre fáciles de explicar: en Madrid (Fernández, 2009; Yagüe *et al.*, 1991) y Lisboa (Alcoforado *et al.*, 2014), por ejemplo, la ICU es mayor en verano; en Barcelona (Martín-Vide *et al.*, 2015*b*) es más intensa en invierno y, en ocasiones, existe biestacionalidad, con máximos entre otoño-verano, como ocurre en Nueva York (Gedzelman *et al.*, 2003). De hecho, la variación estacional tiende a depender de la ubicación de la ciudad, con sus factores atmosféricos y geográficos condicionantes y, aunque existen muchos puntos en común, el clima urbano es bastante específico para cada ciudad.

# 5.
# CONFIGURACIÓN ESPACIAL
# DE LA ISLA DE CALOR Y DE LA ISLA
# DE SEQUEDAD

El análisis comparado de pares de estaciones meteorológicas representativas respectivamente de las áreas urbana y rural permite una buena aproximación al conocimiento de la intensidad tanto de la isla de calor como de la isla de sequedad, pero no proporciona información de la configuración espacial de la temperatura y la humedad urbanas porque se necesita disponer de un amplio número de registros del interior de la ciudad y su entorno. El recurso a los transectos urbanos realizados con automóviles es un procedimiento adecuado y de amplio uso, a partir de cuya información se pueden interpretar cartográficamente los patrones espaciales y temporales de la ICU y de la ISU.

## 5.1. Los transectos urbanos. Aspectos metodológicos

Para el conocimiento en mayor detalle de las condiciones climáticas de la ciudad, la fuente de información fundamental han sido los datos instantáneos obtenidos mediante recorridos del área urbana y su entorno, realizados con instrumentos de medida específicos instalados sobre vehículos. Durante los años 2001 y 2002, se llevó a cabo una campaña de mediciones de temperatura y humedad relativa dentro del tejido urbano zaragozano y su área circundante con transectos simultáneos de tres vehículos equipados con un termohigrómetro digital de baja inercia y

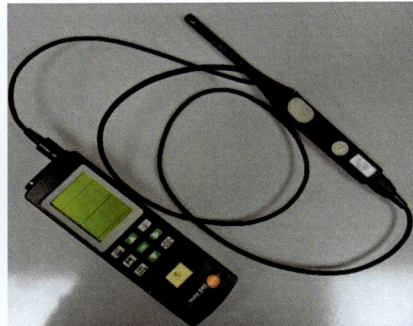

Figura 23. Termohigrómetro digital usado en las mediciones de los transectos urbanos y fotografía del sistema de instalación en el vehículo.

*data-logger* de registro de datos, cuya sonda iba situada en la parte superior de cada vehículo, convenientemente protegida de la luz solar directa y de la acción del agua o viento para una correcta medición (figura 23). El termohigrómetro usado fue el *testo* modelo *645*. Su rango de medición para la temperatura es de −200 a +800 ºC, con una precisión de ±0,1 ºC, mientras que para la humedad relativa el rango es del 0 al 100 %, con una precisión del ±2 % para mediciones realizadas a una temperatura ambiente entre −20 ºC y +70 ºC.

Se diseñaron 3 transectos y 238 puntos de medición (figura 24). Se realizaron mediciones durante 32 días, con recorridos a velocidad lenta de 20-30 kilómetros por hora, para evitar turbulencias en el sensor, y en distintos momentos del día. La mayoría de las salidas se hicieron por la noche, aproximadamente tres horas después de puesta del sol, momento en el que las diferencias entre las condiciones de temperatura y humedad entre el centro y la periferia de la ciudad son más acusadas; un número reducido de observaciones se efectuaron al amanecer y a mediodía para conocer la evolución y los cambios producidos a lo largo del día, y varias coincidiendo con el paso del satélite Landsat 7 sobre la vertical de Zaragoza, para así poder comparar los datos de temperatura obtenidos en los transectos con los que se pudieran extraer de las imágenes de satélite disponibles. Los recorridos tenían una duración aproximada de una hora y se hicieron en diferentes situaciones atmosféricas, pero se descartaron las lecturas realizadas en días con lluvia o presencia de niebla.

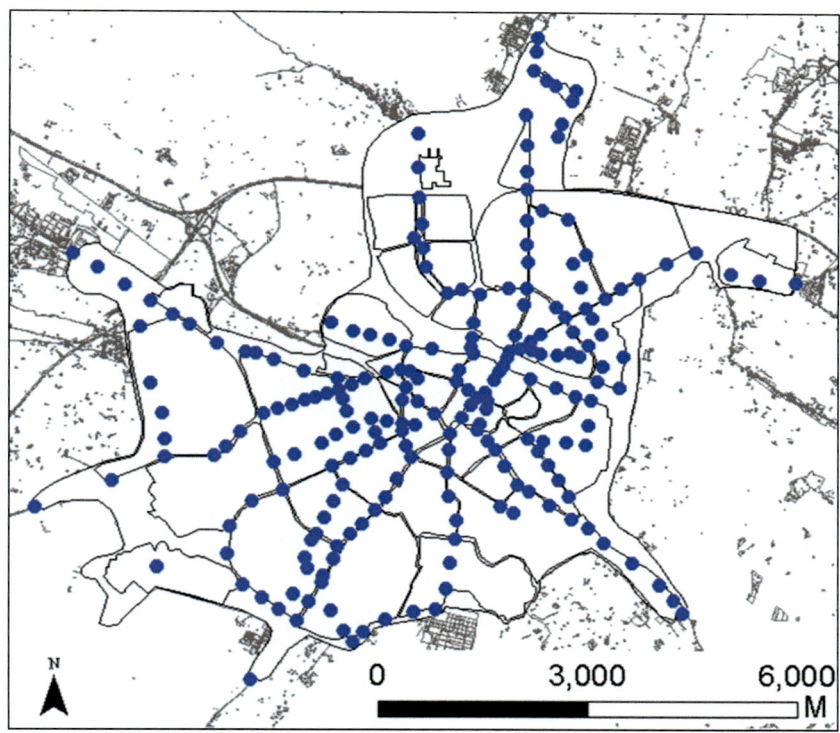

Figura 24. Indicación de los transectos urbanos y de los puntos de medición

Los valores de temperatura y humedad registrados en cada uno de los recorridos, antes de ser trasladados a la base de datos definitiva para el tratamiento geoestadístico y cartográfico, fueron sometidos a un proceso de control de calidad, en el que, además de identificar y subsanar los posibles errores de medición existentes (que suponen menos del 0,05 % del volumen de información registrada), se elimina la tendencia que ofrecen los datos registrados, relacionada con el lapso temporal de aproximadamente una hora que duraban los recorridos. Finalmente, se dispuso de 29 mediciones válidas, que a nuestro juicio ofrecen la suficiente fiabilidad, frente a otras que hubo que desechar por la existencia de una proporción elevada de ruido en las series de mediciones.

Con la base de datos creada, se elaboraron los mapas de distribución espacial de la temperatura y la humedad relativa del aire en Zaragoza. Al tratarse de información de tipo puntual (en 238 puntos), para la representación cartográfica, se recurrió a técnicas de interpolación espacial siguiendo la metodología de *kriging*, mediante la cual se estiman los valores térmicos e higrométricos de las zonas en las que no existían registros directos. La interpolación se emplea para convertir datos puntuales en superficies continuas, más ajustadas a la realidad y, además, es de gran utilidad cartográfica, al posibilitar un mejor reconocimiento de los patrones espaciales de las variables analizadas. Estas superficies continuas tienen también la ventaja de que se trata de una información georreferenciada espacialmente que permite su combinación con otros factores espaciales en un entorno SIG.

Para la descripción cuantitativa de la variable que regionalizar, se ha obtenido un semivariograma experimental, que refleja la distancia máxima y la forma en que un punto tiene influencia sobre otro punto a diferentes distancias. Por lo general, es difícil encontrar buenos ajustes de los semivariogramas cuando se trata de interpolar variables de carácter climático, ya que las diferencias espaciales entre espacios cortos suelen ser grandes, debido a la complejidad geográfica del medio. Sin embargo, en este caso, ha sido posible obtener unos excelentes ajustes, que garantizan la calidad final de las cartografías obtenidas, ya que existe una importante correlación espacial en las variables de temperatura y humedad relativa medidas en la ciudad de Zaragoza, debido sobre todo a la distribución concéntrica de las mismas en torno a un solo centro, con una distribución radial de las distancias que supone una mayor diferencia en los valores de la variable cuanto superior es la separación entre los puntos de medición (para mayor detalle, véanse Vicente-Serrano *et al.*, 2005).

Además de las cartografías de humedad relativa y temperatura real en cada uno de los momentos en los que se han realizado mediciones, se obtuvieron también mapas estandarizados, con la finalidad de conocer de forma relativa las condiciones de humedad y temperatura respecto a las condiciones medias de cada día concreto. La utilidad de estas cartografías radica en el hecho de que, para realizar un resumen general de la información y conocer cuáles son las situaciones promedio, no se pueden comparar los mapas reales, ya que los gradientes son diferentes en cada ocasión y las temperaturas y humedad también lo son en función de la estación del año y de las condiciones atmosféricas, de tal manera que no podemos operar con las cartografías en un entorno SIG a partir de sus datos reales. En cambio, con la creación de mapas estandarizados, se pueden realizar operaciones con ellos, ya que cada uno de los mismos nos informa de las desviaciones que se producen en relación con el promedio térmico o de humedad en cada momento de medición. De este modo, las magnitudes son iguales y comparables entre sí, ya que lo realmente interesante es determinar las zonas más cálidas y frías, y las más o menos húmedas en relación con toda la ciudad. Así, y mediante un simple promedio, se obtiene el número de desviaciones que respecto a la media de temperatura o humedad existe en un punto concreto, aplicables a cualquier rango y condición atmosférica, estación del año, etcétera.

Los mapas estandarizados se obtienen mediante la siguiente expresión:

$$x_z = \frac{x_i - \bar{x}}{\sigma}$$

Indica que el valor estandarizado $x_z$, en el punto $x_i$, será igual a la resta de la media de toda la serie de puntos de medición dividido por la desviación estándar.

La información generada se ha integrado en un sistema de información geográfica (SIG), con el que se facilita la consecución de los objetivos perseguidos: en primer lugar, permite conocer el reparto espacial de la temperatura y la humedad del aire y su variabilidad; es decir, precisar los espacios en los cuales las condiciones termohigrométricas son más estables temporalmente, frente a las zonas en las que existen mayores cambios. En segundo lugar, interpretar las variaciones de aquellas en función de los factores estructurales de la ciudad, como pueden ser la topografía, la densidad de edificación, el tráfico, etc. Y, por último, cabe explicar su relación con los factores atmosféricos, en particular con los flujos dominantes del viento.

## 5.2. La isla de calor urbana, ICU. Organización espacial de la temperatura del aire

### 5.2.1. Las condiciones térmicas de la ciudad en diferentes momentos de medición

Las mediciones realizadas en distintas épocas del año y bajo situaciones atmosféricas diferentes constatan la frecuente formación de la isla de calor. En la mayoría de las ocasiones, la isla que se observa es débil, aunque ocasionalmente el fenómeno es muy notable y se ha aproximado a los 6 ºC. Su configuración está relacionada fundamentalmente con la estructura y características urbanas de la ciudad; sin embargo, la distribución espacial de la isla y la localización de sus valores máximos no es estable y varía, sobre todo, en función del estado de la atmósfera.

A modo de ejemplo, se presentan en detalle los resultados de cuatro casos representativos. El análisis de las características térmicas se hace a partir de las cartografías elaboradas con los datos registrados, una vez validados y corregida la tendencia positiva o negativa de las series de mediciones en función del tiempo de duración del recorrido.

*a) 2 de agosto de 2001*

Las condiciones atmosféricas del día 2 de agosto de 2001 fueron de cielos despejados, con máximas y mínimas térmicas ligeramente por debajo de los valores normales para esa época del año, al quedar modificadas por la presencia durante el día de vientos flojos de componente norte y noroeste (figura 25).

La toma de datos de temperatura y humedad relativa de la ciudad se realizó entre las 0:20 y la 1:40 del día 3 de agosto de 2001, tres horas después de la puesta de sol, momento en el que la isla de calor urbana alcanzaría teóricamente su momento de máxima intensidad. La temperatura máxima obtenida en los transectos fue de 24,7 ºC y la mínima, de 21,7 ºC, lo que nos da un rango térmico para la ciudad de 3 ºC. Tras eliminar la tendencia negativa que la información térmica registrada presentaba, la temperatura máxima quedó en 24,6 ºC y la mínima, en 21,8 ºC, reduciéndose el rango térmico a 2,8 ºC.

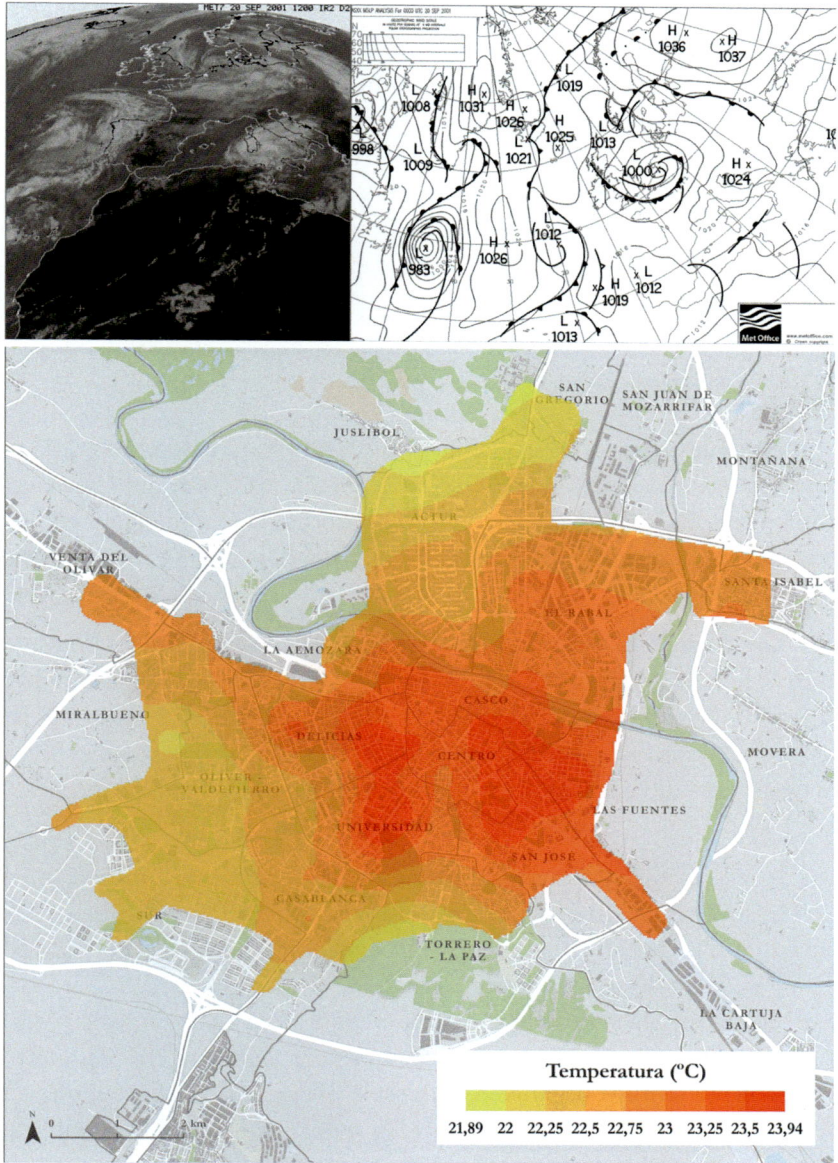

Figura 25. Mapa térmico de la ciudad de Zaragoza del día 2 de agosto de 2001, y mapa del tiempo de superficie e imagen del satélite Meteosat.

La cartografía de la distribución de las temperaturas dibuja un amplio espacio cálido en el centro de la ciudad, con dos destacados núcleos: uno en torno a Delicias-Universidad y otro hacia la avenida de Cataluña. A partir de esta área central, se observa un moderado enfriamiento hacia el norte y el oeste, y un gradiente térmico más acusado en dirección sur, hacia el distrito Torrero-La Paz, que se relaciona con el incremento altitudinal y la presencia de amplia superficie arbolada. El mapa pone en evidencia el contraste térmico entre la ciudad y su entorno inmediato, con una diferencia en este día superior a los 2 °C.

## b) 20 de septiembre de 2001

Durante el día 20 de septiembre de 2001, la situación atmosférica en Zaragoza se caracterizó por la presencia de viento flojo o moderado de componente sudeste, el conocido como bochorno, que condicionó temperaturas elevadas, superiores a los valores normales para esa época del año (figura 26).

Las mediciones se realizaron tres horas después de la puesta de sol, entre las 23:22 del día 20 de septiembre y las 0:25 del día 21, registrándose un valor máximo de 22,2 °C y un mínimo de 19,1 °C. Corregida la tendencia negativa de la serie de registros, los datos de temperaturas máxima y mínima de la ciudad se mantuvieron en magnitudes similares, por lo que las diferencias térmicas superaban los 3 °C.

La representación cartográfica de los datos obtenidos muestra una visible isla de calor atmosférica, localizada en el centro y centro-oeste de la ciudad, que engloba el paseo de la Independencia, Gran Vía, Fernando el Católico, plaza de San Francisco, avenida de Goya, avenida de Clavé, paseo María Agustín y El Portillo, y se prolonga hacia las avenidas de Madrid y de Navarra. Al norte y al sur de esta zona cálida, se crea de nuevo un gradiente térmico negativo en dirección al entorno rural, en el que es destacable el ambiente más fresco de los barrios orientales (Arrabal, La Jota o Santa Isabel), frente a los habitualmente más fríos del sector occidental (Almozara u Oliver-Valdefierro).

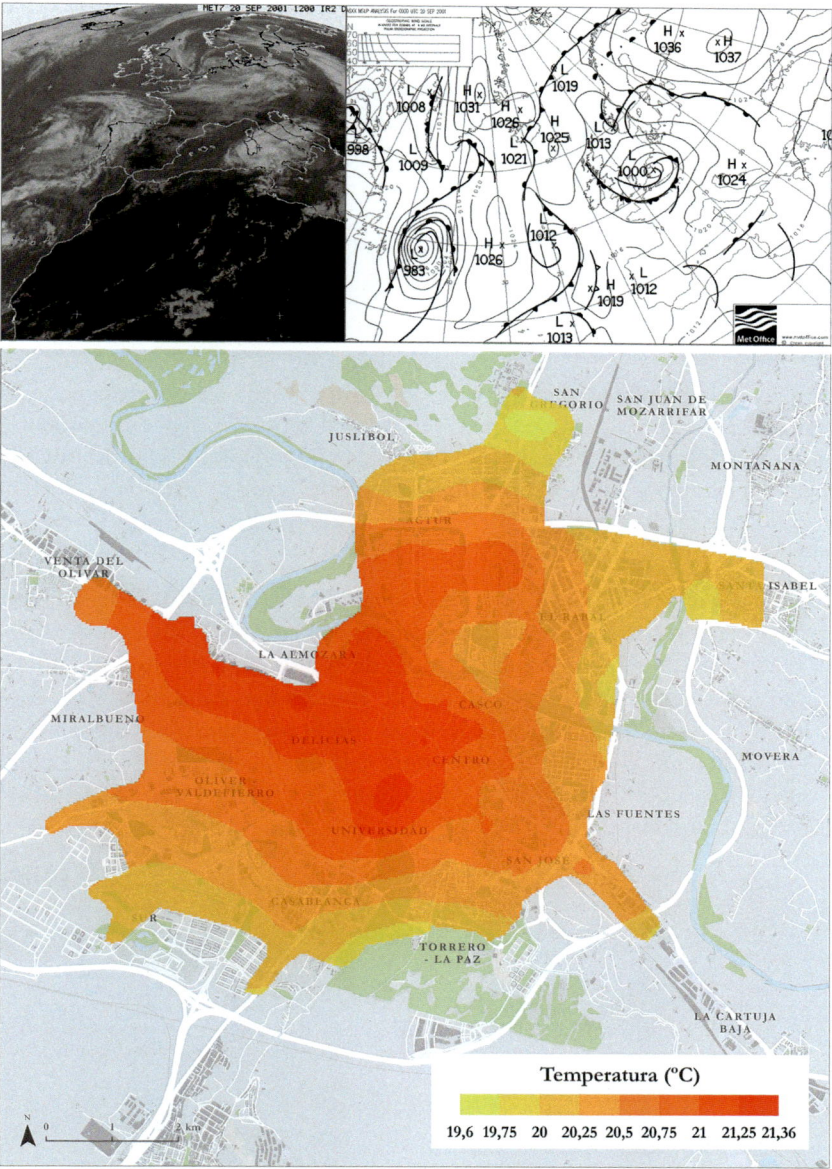

Figura 26. Mapa térmico de la ciudad de Zaragoza del día 20 de septiembre de 2001, y mapa del tiempo de superficie e imagen del satélite Meteosat del mismo día.

## c) 18 de diciembre de 2001

El nordeste de la península ibérica sufrió durante los días previos al 18 de diciembre la entrada de una masa de aire muy fría procedente del norte-nordeste de Europa, que provocó un brusco descenso de las temperaturas, hasta alcanzar los −18 ºC en algunas localidades del sector central del valle del Ebro. Zaragoza permaneció durante varios días con valores negativos, dominio de la estabilidad atmosférica y formación de persistentes bancos de niebla. Estas condiciones se mantenían el día de la medición, siendo la temperatura máxima alcanzada en el aeropuerto de −1 ºC y la mínima de −8 ºC (figura 27).

Las observaciones se hicieron tres horas después de la puesta del sol, entre las 21:58 y las 23:09, siendo la temperatura máxima obtenida de −3,1 ºC y la mínima, de −7,7 ºC. La serie de mediciones no presentaba la tendencia negativa característica del normal y progresivo enfriamiento nocturno; sin embargo, con objeto de que la base de datos sea totalmente homogénea, se siguió la misma metodología aplicada al resto de las series, con objeto de eliminar la tendencia, quedando máximo y mínimo en los mismos valores registrados.

Una vez más, ahora bajo condiciones de frío extremo, el efecto del medio urbano generó importantes diferencias térmicas, en esta ocasión superiores a 4,6 ºC. Las zonas centrales de la ciudad, con extensión hacia el casco antiguo, las Delicias y Gran Vía, eran las más cálidas, aunque con notables variaciones locales relacionadas con la propia estructura urbana. A partir de aquí, el enfriamiento es muy evidente hacia el área periurbana y, en particular, en Montecanal y los montes de Torrero, donde se midieron temperaturas inferiores a los −7 ºC.

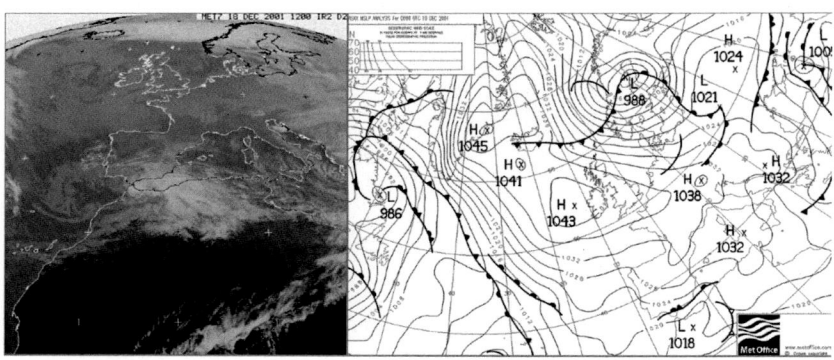

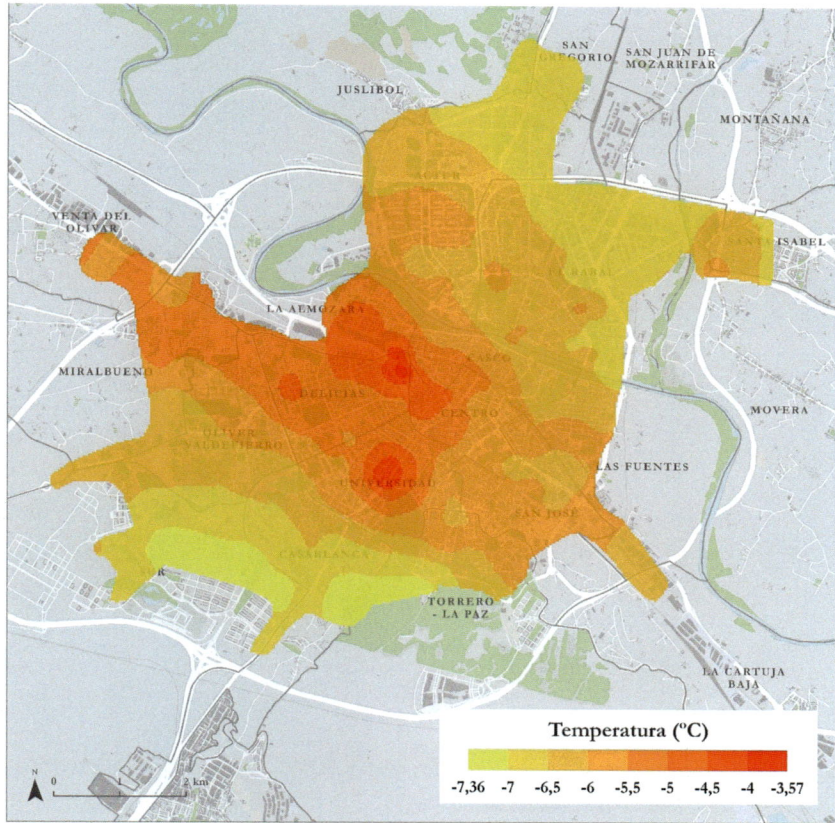

Figura 27. Mapa térmico de la ciudad de Zaragoza del día 18 de diciembre de 2001, y mapa del tiempo de superficie e imagen del satélite Meteosat.

## d) *3 de abril de 2002*

El día 3 de abril de 2002 los cielos permanecieron parcialmente cubiertos y el viento sopló flojo de componente noroeste, con ligero aumento de su velocidad por la tarde. Las temperaturas fueron inferiores a las consideradas normales para esta época del año, con valores en el Aeropuerto de Zaragoza que oscilaron entre la máxima de 19 ºC y la mínima de 7 ºC, alcanzada en la madrugada (figura 28).

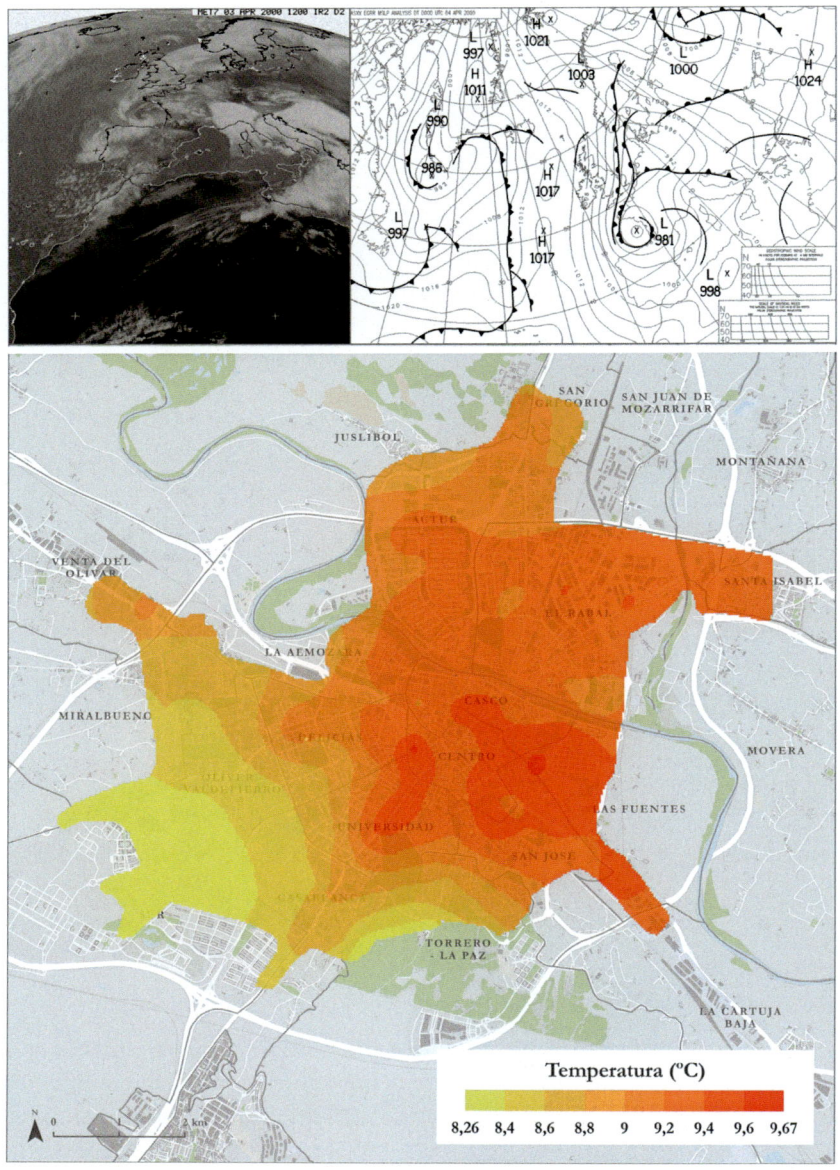

Figura 28. Mapa térmico de la ciudad de Zaragoza del día 3 de abril de 2002, y mapa del tiempo de superficie e imagen del satélite Meteosat.

Las mediciones se realizaron entre las 22:31 y las 23:40, siendo la máxima obtenida de 10 °C y la mínima, de 8,2 °C. Corregida la tendencia negativa de la serie de mediciones, la máxima quedó en 9,9 °C y la mínima, en 8,2 °C, lo que supone la existencia de una variación térmica en la ciudad de tan solo 1,7 °C.

La ciudad, en efecto, presentaba ese día una relativa homogeneidad térmica, con escasas diferencias entre las zonas más cálidas y las frías, pero de nuevo se reconoce claramente en el mapa una isla de calor en el centro urbano (Gran Vía, avenida de Goya, plaza de España y Coso), a partir del cual las temperaturas descienden progresivamente en la periferia de la ciudad, de forma más acusada hacia el sur-sudoeste.

## 5.2.2. La isla de calor urbana promedio

La configuración media de la ICU se ha obtenido a partir de los valores estandarizados de los datos registrados durante los días de medición. La cartografía estandarizada de las temperaturas de cada uno de estos días posibilita la comparación entre los diferentes mapas, al convertir los valores absolutos en desviaciones estándar respecto de la media, y permite construir el mapa térmico promedio y examinar la forma e intensidad de la isla de calor (figura 29).

La ICU de Zaragoza tiene forma concéntrica, con isotermas generalmente cerradas y formas no muy alejadas de las circulares, con un marcado núcleo cálido central y valores en rápido descenso al alejarnos del mismo. Las temperaturas más elevadas se alcanzan en la zona centro, casco histórico y vecindad del barrio Delicias y barrio de Las Fuentes, de edificación compacta, importante volumen construido y elevado grado de ocupación del suelo. Sobresalen el entorno del Coso, plaza de España, prolongación hacia la avenida de Madrid, Gran Vía, avenida de Goya y zonas próximas a la intersección entre el camino de las Torres y Miguel Servet. El río Ebro constituye una frontera nítida de ambiente más fresco o frío, según la época del año, pero a partir de aquí la temperatura aumenta de nuevo y el núcleo de la isla se proyecta en parte hacia el norte en dirección a los barrios del Arrabal y La Jota.

Conforme nos distanciamos de este núcleo cálido, la isla se modera como consecuencia de la menor ocupación del suelo, la mayor presencia de

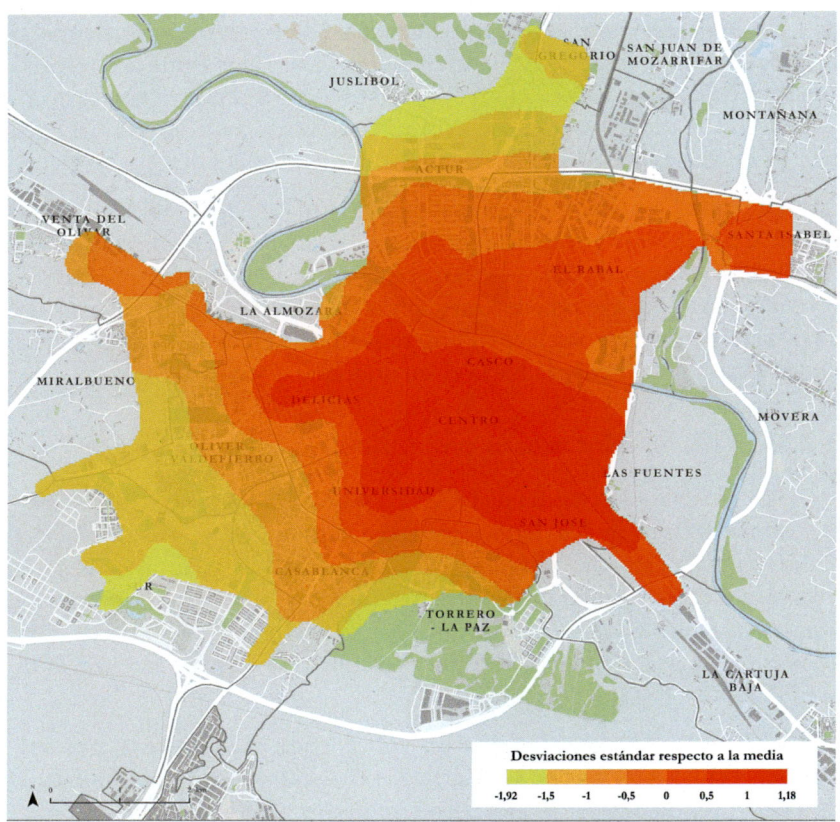

Figura 29. Mapa térmico de la isla de calor urbana, ICU, promedio anual de Zaragoza

espacios abiertos y la propia topografía de la ciudad. Así ocurre en dirección a la avenida Gómez Laguna, Montecanal, carretera de Valencia, montes de Torrero, Miralbueno-barrio de Oliver-Valdefierro y Juslibol-Academia General Militar-barrio Parque Goya. En contacto con el medio rural circundante, el efecto urbano sobre las temperaturas disminuye rápidamente y la isla de calor atmosférica desaparece.

En la periferia urbana, el contorno de la isla es muy sinuoso y presenta además claras disimetrías entre la zona oriental, de ambiente más cálido, y la occidental, en general más fresca. Hacia el oeste-sudoeste, el descenso térmico es rápido, como puede apreciarse siguiendo un eje teórico desde el entorno de la avenida de Goya-Gran Vía hacia Montecanal-Valdespartera. Condiciones similares se observan en el noroeste, en la salida hacia la carretera de Logroño, donde estimamos que, por el corredor abierto del río Ebro, se canaliza el aire frío exterior, a modo de gran lengua que entra prácticamente hasta el barrio de la Almozara. En cambio, en el nordeste, desde la plaza de España hacia el puente de Piedra y avenida de Cataluña, el gradiente térmico es más moderado y la magnitud de la isla de calor se mantiene con pocos cambios prácticamente desde las riberas del Ebro hasta el barrio de Santa Isabel, donde se observa un bien formado «islote térmico». La misma moderación se dibuja en dirección sudeste, desde el centro de la ciudad hacia Miguel Servet, Las Fuentes y la carretera de Castellón, con valores que en algunas zonas son muy próximos a las áreas más densamente urbanas.

En este espacio urbano y su entorno, los parques y jardines (Parque Grande José Antonio Labordeta, Parque del Tío Jorge, Delicias, Parque Oliver, etc.) merecen tratamiento aparte, por sus particulares rasgos como lugares más frescos, que reducen la intensidad de la isla y modifican su configuración, pero carecemos de datos concretos porque, en los transectos urbanos, solo se han contemplado de manera tangencial.

Figura 30. Mapas térmicos de Zaragoza de los días 28 de julio de 2001 (izquierda) y 28 febrero de 2002 (derecha).

La intensidad media de la ICU, considerada como promedio de la información obtenida durante las campañas de medición nocturna, ha sido de 2,8 ºC, lo cual prueba la acción modificadora que Zaragoza ejerce sobre el clima regional e indica la importancia del fenómeno. Se trata de un valor moderado, pero en ocasiones puntuales, de atmósfera estable y cielo despejado; su intensidad es alta y ha llegado a superar los 5 ºC. Dos ejemplos pueden ilustrar mejor este hecho: el día 26 de julio de 2001, cuando la temperatura observada en el Coso era de 27,9 ºC, en Torrero se registraban 22,8 ºC. Y el día 28 de febrero de 2002 los termómetros medían 16,3 ºC y 10,9 ºC en Gran Vía y en el barrio de Las Fuentes, respectivamente, una vez corregida la tendencia (figura 30).

### 5.2.3. Caracterización estacional de la isla de calor

Las observaciones realizadas permiten también una buena aproximación al análisis de la intensidad de la ICU y sus variaciones en las diferentes estaciones del año. Siguiendo la habitual división meteorológica, invierno integra las mediciones de diciembre, enero y febrero; primavera, las de marzo, abril y mayo; verano incluye la información de junio, julio y agosto, y otoño, la de septiembre, octubre y noviembre.

Las cartografías estacionales elaboradas revelan notables semejanzas entre sí, pero, además, presentan una clara analogía con el mapa térmico promedio de la ciudad, calculado a partir del conjunto completo de mediciones. En los cuatro mapas se pone de relieve que las zonas más cálidas se localizan en el centro y centro-este del tejido urbano zaragozano, con prolongación hacia el barrio Delicias y barrio Las Fuentes. De igual modo, en todas las estaciones del año la intensidad de la ICU disminuye hacia la periferia siguiendo el mismo patrón observado en el mapa promedio, con pequeñas matizaciones, poco significativas a esta escala de trabajo; por ejemplo, en verano se advierte un gradiente rápido de descenso hacia el sudoeste, en dirección Casablanca y Montecanal, mientras que en invierno es significativo el rápido enfriamiento que se percibe hacia el norte en dirección al distrito Actur y San Gregorio. Durante las estaciones equinocciales, primavera y otoño, los gradientes térmicos tienden a suavizarse y disminuye la diferencia centro-periferia y se observa mayor uniformidad. Por el contrario, las estaciones de primavera y otoño presentan gradientes térmicos centro-periferia menos acentuados y mayor uniformidad (figura 31).

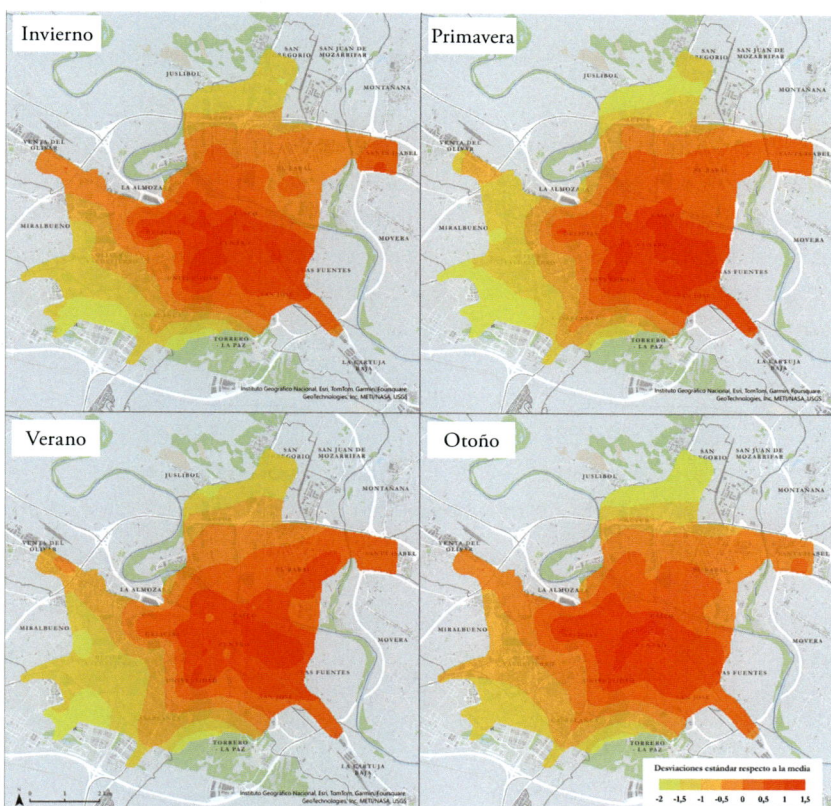

Figura 31. Caracterización de la isla de calor urbana de Zaragoza en cada una de las estaciones del año.

## 5.2.4. Variabilidad de la isla de calor

Un aspecto relevante del clima urbano es la variabilidad de las temperaturas, porque ofrece una idea de la amplitud de las anomalías térmicas registradas con respecto a los valores promedio absoluto en todo el período analizado. El estadístico que se ha aplicado para su análisis es la desviación estándar respecto al promedio estadístico temporal, al considerarlo un método sencillo para conocer cuánto se alejan de la media los datos individuales. Aunque se puede examinar la variabilidad a diversas escalas temporales, para este análisis, se ha considerado todo el período temporal en conjunto. Los resultados se presentan en la figura 32.

El mapa muestra que las zonas con más baja variabilidad térmica son las del centro de la ciudad, lo cual coincide en buena medida con la localización del núcleo central de la ICU. El entorno del casco histórico, plaza de España, Gran Vía y áreas limítrofes son, en consecuencia, las zonas más estables, las que mejor conservan su patrón térmico y las que experimentan menores cambios. A partir de aquí, la variabilidad va en aumento, dibujando un modelo espacial, que reproduce en buena medida los mismos gradientes centro-este y centro-oeste observados en la descripción de la isla de calor, con mediciones que exceden en algunos casos tres desviaciones estándar superior a la media. La variabilidad más elevada se registra al norte-noroeste de la ciudad, relacionada probablemente con la estructura urbana y más condicionada por los factores atmosféricos dominantes.

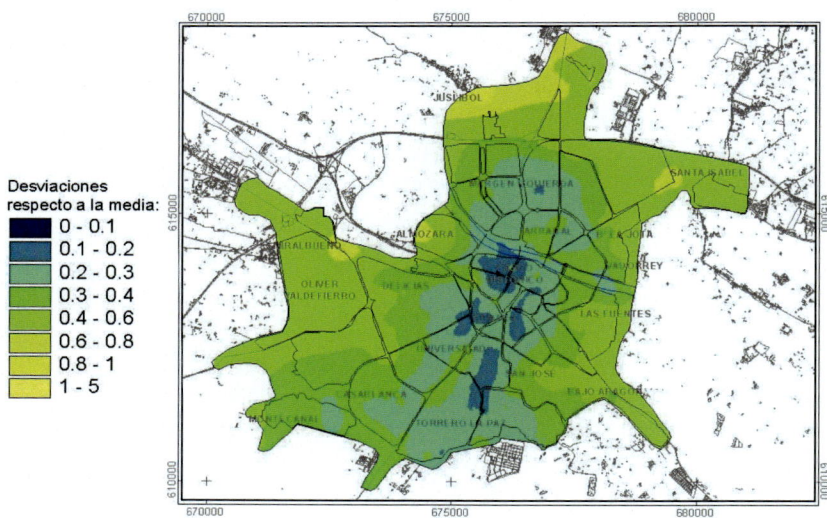

Figura 32. Mapa de variabilidad térmica de Zaragoza

## 5.3. La isla de sequedad urbana, ISU. Organización espacial de la humedad relativa del aire

En climatología urbana, el fenómeno de la isla de calor monopoliza la mayoría de la actividad investigadora; sin embargo, el medio urbano también afecta a otras variables meteorológicas, en particular a la humedad del aire. Al igual que ocurre con la temperatura, la ciudad altera la humedad y tiende a generar un ambiente más seco que el existente en las áreas rurales de su entorno. Los cambios de uso del suelo, la reducción de áreas verdes y el aumento de superficies impermeables tienen un fuerte impacto en el clima local e influyen en los procesos involucrados en el balance de agua atmosférica, originando una verdadera isla de sequedad (ISU), que identifica un núcleo de baja humedad relativa en algún sector central de la urbe y valores decrecientes al alejarse del mismo. Estas diferencias urbano-rurales están muy condicionadas por factores geográficos, estructurales y meteorológicos, pero además guardan estrecha relación con la temperatura del aire; de hecho, las variaciones de la humedad relativa son especialmente sensibles a las variaciones de la temperatura, de tal modo que estos dos elementos del clima evolucionan en direcciones opuestas. El fenómeno de la ISU es conocido y está bien documentado por muchos autores en diferentes ciudades; por ejemplo, Fortuniak *et al.* (2006), Lokoshchenko (2017), Yang *et al.* (2017), Wang *et al.* (2021) o Meili *et al.* (2022). También en Zaragoza las investigaciones realizadas demuestran que la humedad del aire es más baja en las áreas centrales que en su periferia y se forma una isla de sequedad que se identifica muy bien en los mapas de isohumas elaborados, como se muestra a continuación.

### 5.3.1. La humedad relativa del aire en diferentes días de medición

Los resultados más evidentes que sobresalen de las mediciones realizadas en distintas épocas del año y bajo situaciones atmosféricas diferentes son básicamente dos: por un lado, el contraste de humedad relativa entre el interior urbano, más seco, y su periferia, más húmeda y, por otro, la formación de una frecuente y bien perceptible isla de sequedad (ISU). En la mayoría de las observaciones, la anomalía higrométrica es débil, aunque significativa, con porcentajes que rondan el 12-15 %, aunque algunos días se ha llegado a superar el 30 %, frente a otros en los que el rango apenas ha rozado el 7 %.

La configuración de la ISU está relacionada fundamentalmente con la estructura y las características urbanas de la ciudad y, aunque no es estable, mantiene un marcado patrón común de comportamiento, similar al que ocurre con la ICU. A modo de ejemplo, se presentan los mapas de varios días elaborados con los datos registrados en los transectos urbanos, una vez validados y corregida la tendencia de las series de mediciones.

*a) 9 de agosto de 2001*

Las condiciones meteorológicas del 9 de agosto en Zaragoza fueron de cielos en general despejados, con algún intervalo poco importante de nubes, y temperaturas en el aeropuerto que superaron ligeramente los 30 °C en las horas centrales del día, sin que de madrugada bajaran de los 17 °C. Estos valores se sitúan por debajo de los normales para esta época, debido a la entrada de vientos del noroeste, flojos, pero con momentos de intensidad moderada. Las mediciones se realizaron entre las 0:20 y la 1:32 del día 10 de agosto de 2001, registrándose en ese intervalo una temperatura máxima de 20,8 °C y una mínima de 18,2 °C (figura 33).

El mapa de distribución de la humedad relativa dibuja con nitidez una isla de sequedad localizada entre el casco histórico y el barrio de Las Fuentes, con extensión hacia Delicias, Miguel Servet y Cesáreo Alierta, que contrasta con los valores de humedad más elevada de la periferia de la ciudad, en dirección hacia el barrio de Juslibol, carretera de Madrid y Logroño, y los montes de Torrero. Las diferencias oscilan entre un máximo del 66,3 % y un mínimo del 57 % de humedad relativa que, tras eliminar la tendencia, quedan en el 65,3 % y el 56,9 %.

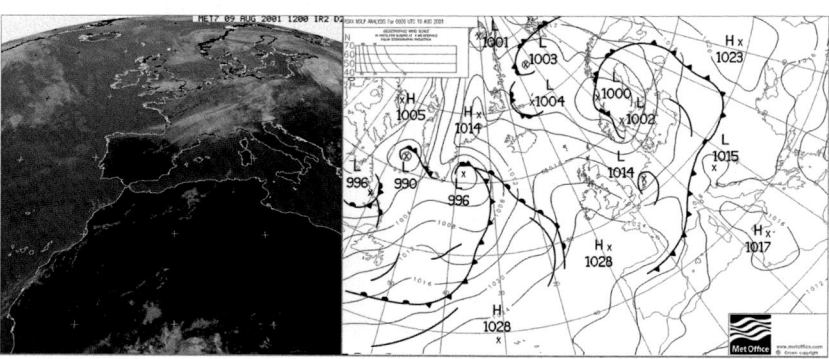

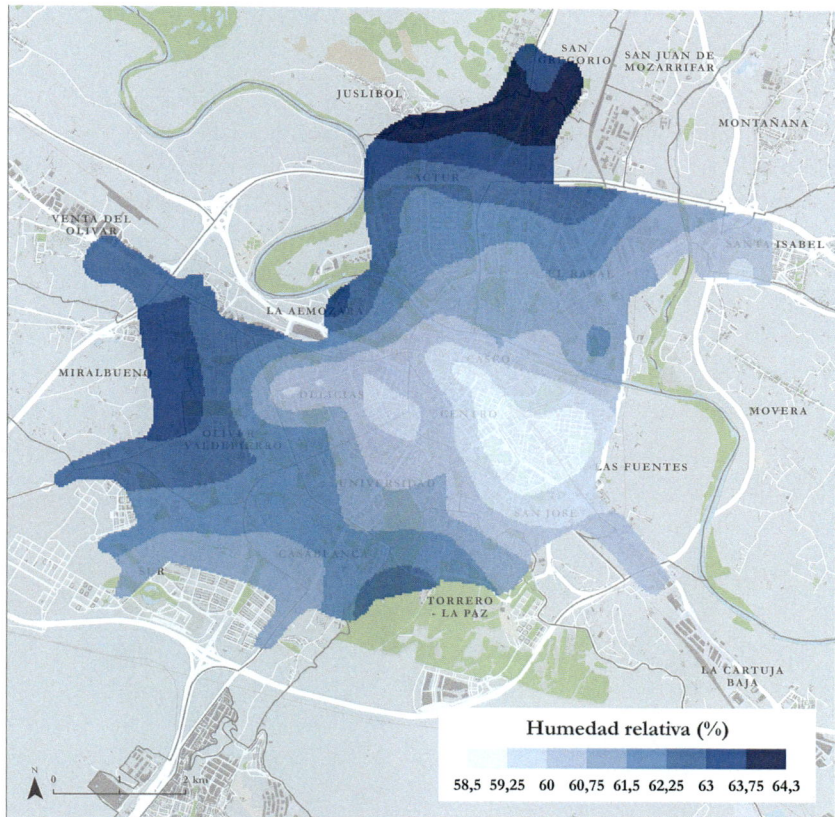

Figura 33. Mapa de humedad relativa de la ciudad de Zaragoza del día 9 de agosto de 2001, y mapa del tiempo de superficie e imagen del satélite Meteosat.

## b) 5 de septiembre de 2001

Las condiciones atmosféricas en Zaragoza fueron de cielos despejados, acompañados de momentos de escasa nubosidad de carácter medio o alto y vientos de componente noroeste flojos o moderados (figura 34). Las mediciones se efectuaron entre las 23:40 del día 5 de septiembre y las 0:48 del 6 de septiembre, intervalo en el que se observó una temperatura máxima de 19,9 °C y una mínima de 17,2 °C. Eliminada la tendencia, los valores máximo y mínimo quedaron en magnitudes similares, quedando de nuevo las diferencias de temperatura dentro de la ciudad entre 2,5 ºC y 3 ºC.

La información obtenida de los 238 puntos de medición muestra porcentajes de humedad, que oscilan entre un máximo del 62,5 % y un mínimo del 51,2 %. Estos valores se mantienen también después de eliminar la tendencia de la serie de registros. La cartografía elaborada resalta de nuevo la isla de sequedad y marca las diferencias entre el ambiente más seco del centro urbano y el progresivo incremento de la humedad hacia el espacio periurbano, con un gradiente positivo muy acusado en el norte y oeste, hacia los barrios de Juslibol, Oliver y Torrero.

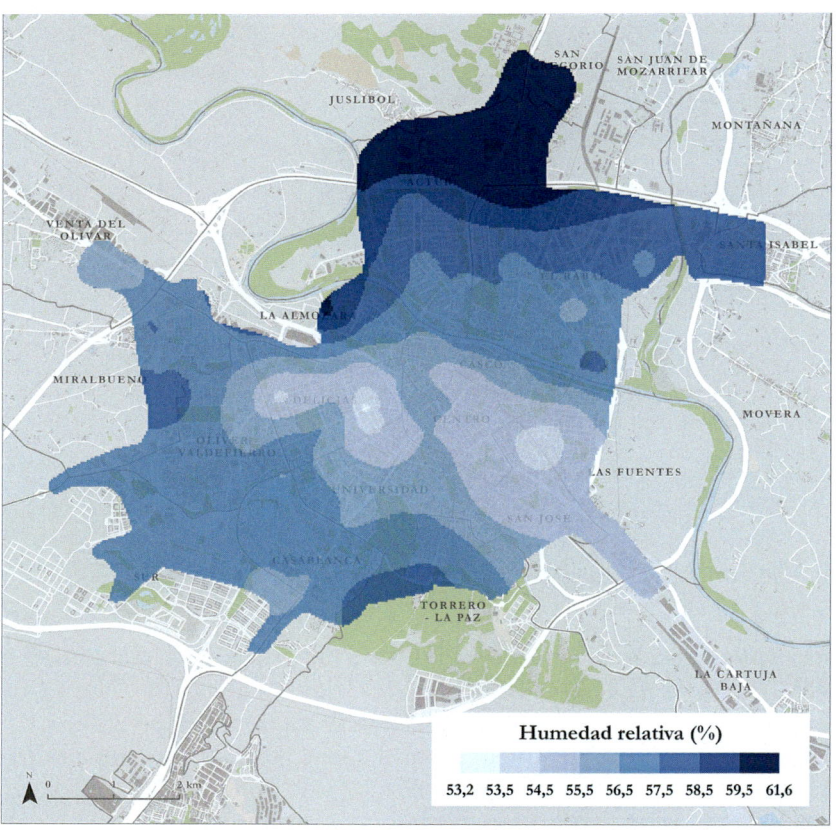

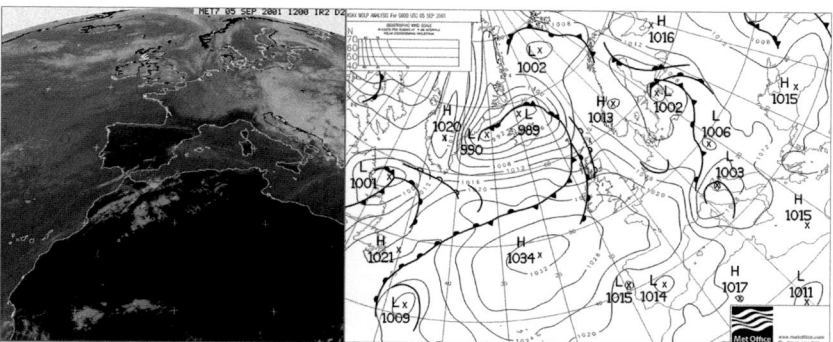

Figura 34. Mapa de humedad relativa de la ciudad de Zaragoza del día 5 de septiembre de 2001, y mapa del tiempo de superficie e imagen del satélite Meteosat.

*c) 4 de octubre de 2001*

Durante el día 4 de octubre de 2001, la situación atmosférica se caracterizó por la presencia de cielos despejados por la mañana y el progresivo incremento de la nubosidad por la tarde, con nubes medias y altas; durante toda la jornada, los vientos fueron flojos, de dirección variable, predominando la componente este-sudeste, mientras que las temperaturas superaron los valores normales para la época, al registrarse en el aeropuerto 25 °C de máxima y mínimas nocturnas que no descendieron de los 16 °C (figura 35).

La humedad relativa durante el tiempo de medición fue elevada, con valores que oscilaron entre el 68 y el 82,6 %, y un reparto espacial que identificaba una isla de sequedad en el centro urbano, muy evidente en el casco histórico, el barrio Delicias, La Almozara y distrito Universidad. La isla quedaba prácticamente rodeada por un amplio cinturón más húmedo, que en algunas zonas, como el barrio de Santa Isabel o Torrero-La Paz, llegaba a alcanzar niveles de humedad un 15 % superiores.

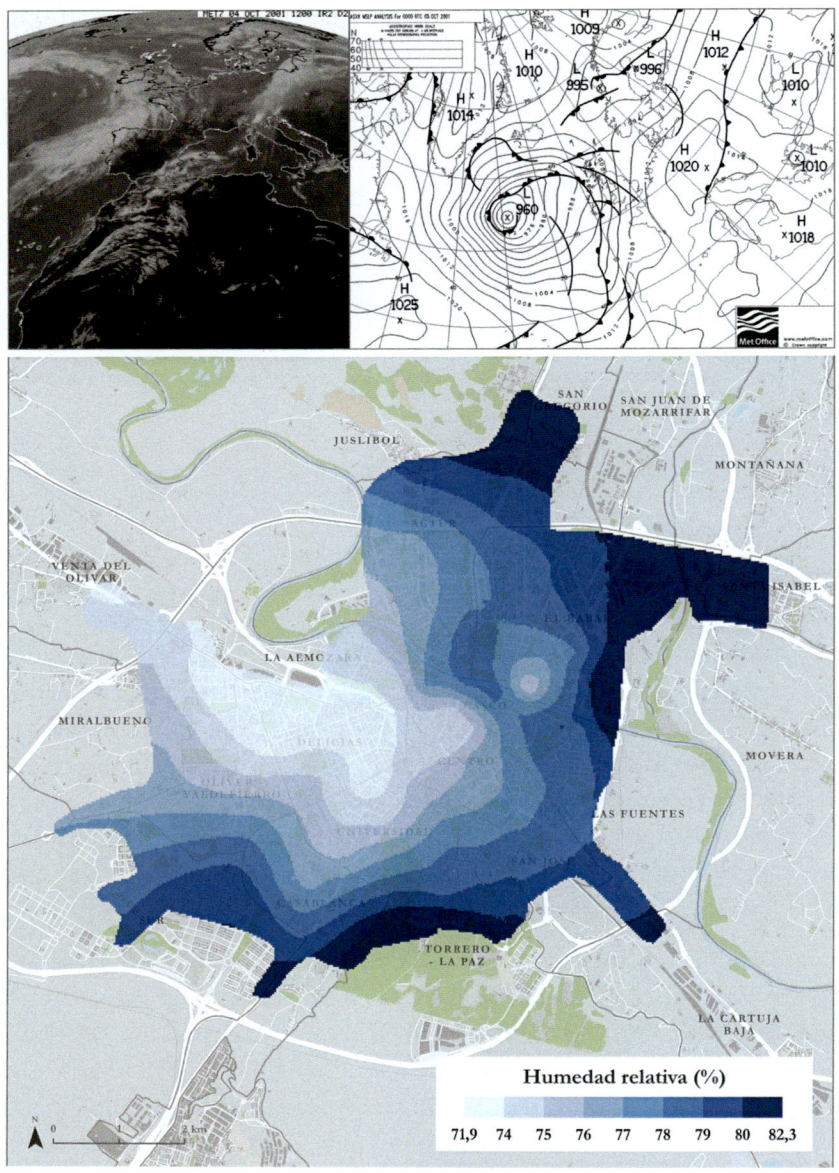

Figura 35. Mapa de humedad relativa de la ciudad de Zaragoza del día 4 de octubre de 2001, y mapa del tiempo de superficie e imagen del satélite Meteosat del mismo día.

## d) 15 de noviembre de 2001

A lo largo del 15 de noviembre, el cielo zaragozano permaneció cubierto, con nubes compactas, pero sin precipitación; las temperaturas experimentaron muy pocos cambios a lo largo de esa jornada, con un máximo en el aeropuerto en las horas centrales del día de 6 ºC, sin descender de madrugada por debajo de los 4 ºC; el viento sopló de flojo a moderado, de dirección predominante noroeste. Las mediciones se efectuaron entre las 21:25 y las 22:50, comenzando como siempre tres horas después de la puesta de sol (figura 36).

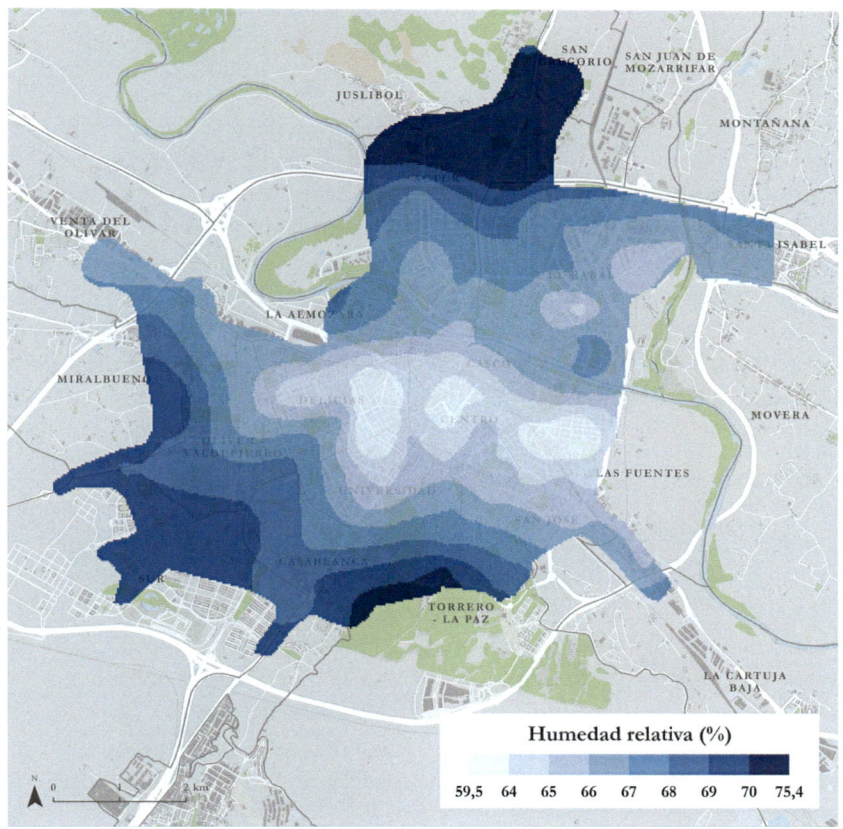

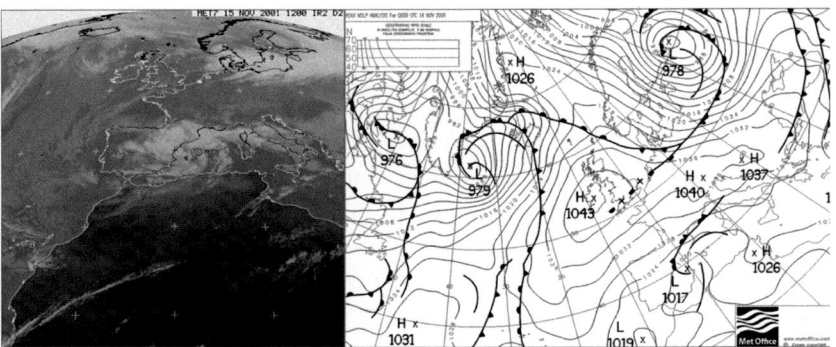

Figura 36. Mapa de humedad relativa de la ciudad de Zaragoza del día 15 de noviembre de 2001, y mapa del tiempo de superficie e imagen del satélite Meteosat del mismo día.

Los valores de humedad relativa medidos oscilaron entre un máximo del 76,6 % y un mínimo del 54,7 %, extremos que se mantenían en valores similares tras ser eliminada la tendencia positiva de los datos medidos, lo que supone la existencia de diferencias de humedad superiores al 20 %. El sector central del área urbana es la zona que presenta los porcentajes más bajos, en especial una amplia franja que engloba Delicias, el casco histórico y Las Fuentes. A partir de aquí, existe un marcado gradiente positivo hacia la periferia, en particular en dirección norte, hacia Juslibol, y en dirección sur-sudeste, en Montecanal y Torrero.

## 5.3.2. La isla de sequedad urbana promedio

Con la información cartográfica estandarizada de cada uno de los días de medición, se ha elaborado el mapa promedio a partir del cual se identifica con claridad la isla de sequedad y su distribución espacial (figura 37). Como se indica en la metodología, estos mapas elaborados a partir de valores estandarizados son comparables entre sí, porque eliminan la distorsión que pudiera ofrecer las diferencias entre los valores absolutos de las distintas mediciones y, además, la estandarización posibilita su integración en un SIG y la confección del mapa de humedad promedio.

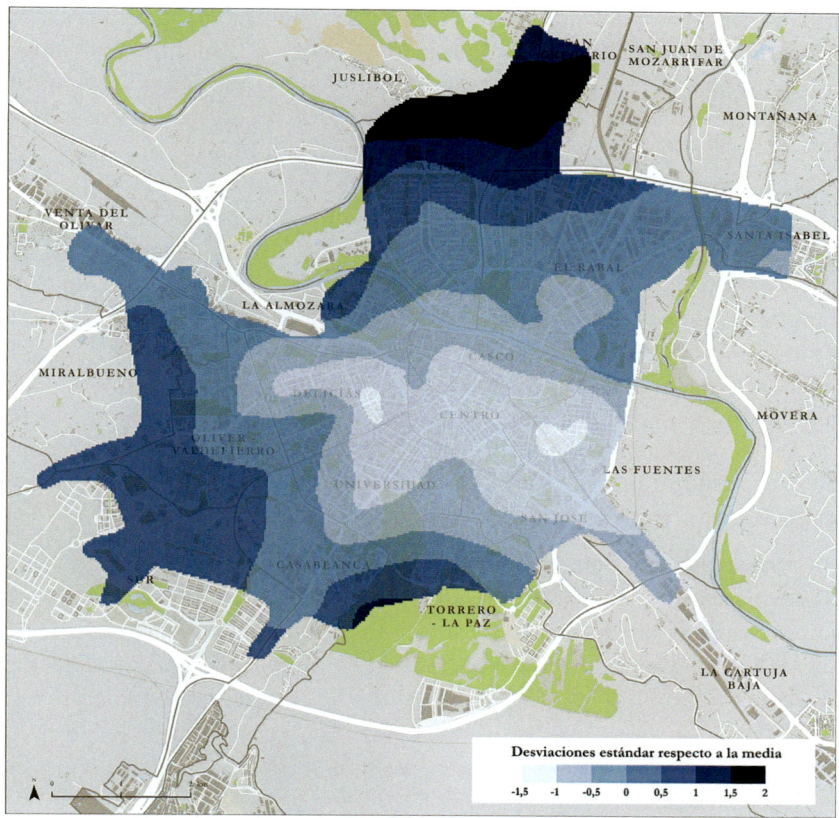

Figura 37. Mapa de isla de sequedad urbana, ISU, promedio anual de Zaragoza

La distribución de la ISU y sus valores está condicionada por la trama urbana, pero guarda estrecha relación con la temperatura del aire y, de hecho, las dos variables evolucionan en direcciones opuestas, lo cual explica su configuración también concéntrica, con isolíneas nucleares cerradas y tendiendo a una forma circular, que subraya muy bien el contraste centro-periferia. Los porcentajes de humedad más bajos se localizan en el centro urbano, en torno al casco histórico, barrios de Las Fuentes y Delicias, con extensión hacia San José y Bajo Aragón, en clara correspondencia con la ciudad más compacta y de alta densidad de edificación. A partir de aquí, la humedad relativa aumenta de forma progresiva hacia la periferia urbana y alcanza porcentajes entre un 10 y 15 % superiores al área central, en particular hacia Montecanal, Torrero, Movera o Juslibol, condicionados tanto por los espacios más abiertos como por la presencia de parques urbanos y la acción directa de los cursos fluviales que atraviesan Zaragoza. En el borde de la ciudad, los valores son, en efecto, más elevados, pero su reparto dibuja notables diferencias que coinciden, en buena medida, con el mapa de temperaturas: en promedio, la humedad es más elevada en el noroeste y la margen izquierda del Ebro, hacia los tradicionales espacios de huerta de Juslibol, Canal Imperial y río Gállego, sobre los que ha ido creciendo la ciudad. Lo mismo se observa en el sur y sudoeste de Zaragoza, siguiendo el río Huerva, Torrero y la masa arbolada de Pinares de Venecia. En esta distribución de la humedad, se evidencia el importante efecto regulador que ejercen las zonas de parques, los ríos (Ebro, Gállego y Huerva), las canalizaciones (Canal Imperial de Aragón) y las acequias del entorno de Zaragoza, pero desconocemos en detalle su influencia, porque no disponemos de datos suficientes para su adecuada evaluación.

Por lo general, la intensidad de la ISU no es muy acusada, aunque en días concretos, en situaciones de estabilidad atmosférica, la humedad en el interior urbano puede ser más de un 20 % inferior al de las áreas periféricas. Así se observó, por ejemplo, los días 26 de julio de 2001 y el 18 de abril de 2002 (figura 38). En el primer caso, los valores oscilaron entre un

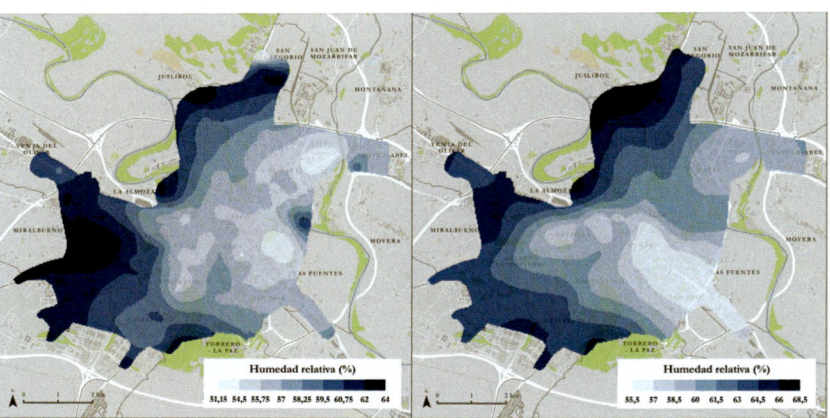

Figura 38. Mapas de humedad relativa de Zaragoza de los días 15 de noviembre de 2001 (izquierda) y 18 de abril de 2002 (derecha).

mínimo del 48,2 % en el área centro-Las Fuentes, y un máximo del 66,7 % en la margen izquierda del Ebro-Juslibol; extremos que se mantenían en porcentajes similares tras ser eliminada la tendencia positiva de los datos medidos, lo cual supone la existencia de un apreciable ambiente seco en el interior de la ciudad, que contrasta con las condiciones más húmedas del entorno rural. Y el día 18 de abril la humedad registrada en Delicias descendía al 52,7 %, mientras que en Montecanal-Oliver-Juslibol alcanzaba el 72,7 %.

### 5.3.3. Variabilidad temporal y espacial de la isla de sequedad

A lo largo del año, la magnitud de la isla de sequedad experimenta pequeñas variaciones que no cambian sustancialmente su configuración e intensidad. Al igual que ocurre con las temperaturas, los mapas estacionales

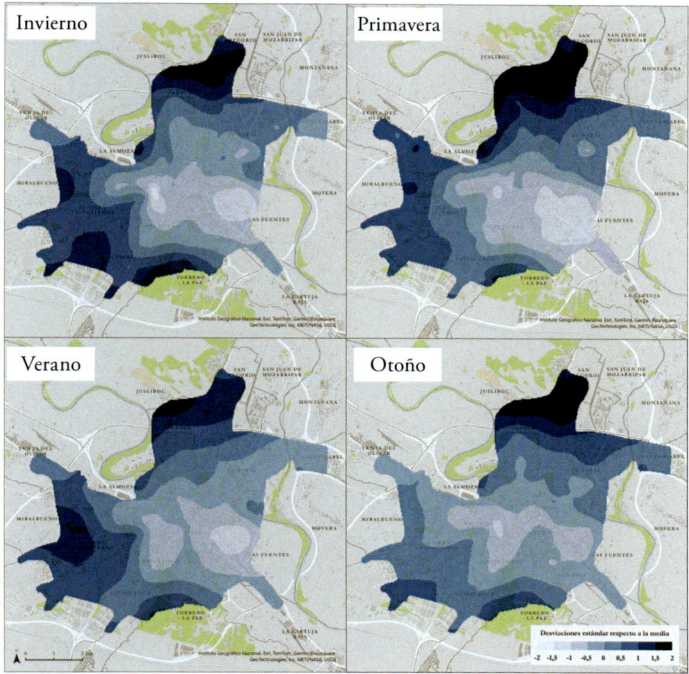

Figura 39. Mapa de la isla de sequedad de Zaragoza en cada una de las estaciones del año

de humedad relativa presentan notables similitudes entre ellos y también con el mapa promedio obtenido a partir de todo el conjunto de mediciones (figura 39). En todas las estaciones del año, en el centro de la ciudad, el aire está más seco que el existente en el entorno rural, en particular en dirección Juslibol, Montecanal, Torrero y Pinares de Venecia, que mantienen porcentajes de humedad siempre más elevados. Estas diferencias centro-periferia son algo más evidentes en primavera que en el resto del año, momento en el que destaca el acusado gradiente positivo desde el casco histórico y Las Fuentes hacia el norte de la ciudad. Este patrón experimenta pocos cambios en otoño e invierno, y tampoco es muy diferente del que existe en verano. No obstante, se trata de matizaciones de detalle, tras de las cuales sobresale el hecho de la elevada semejanza que muestra la configuración del mapa de humedad relativa en cualquier época del año. Al mismo tiempo, estos resultados indican que la isla de sequedad es un fenómeno muy presente y remarcable del clima de Zaragoza.

Tampoco la variabilidad espacial experimenta grandes cambios, como se deduce del análisis de la desviación estándar respecto al promedio estadístico temporal. El centro de la ciudad es el área más estable; es el entorno del casco histórico, centro y Arrabal, que coincide con el núcleo de la isla

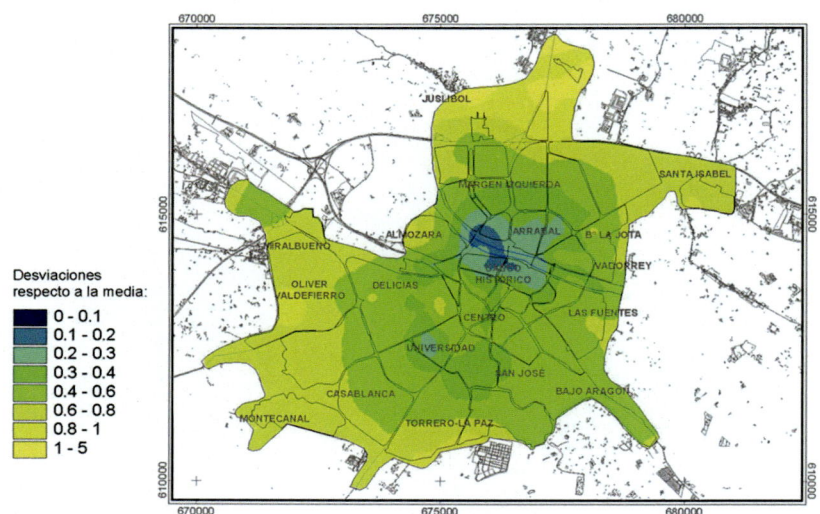

Figura 40. Mapa de variabilidad higrométrica de Zaragoza

de calor. Otro pequeño islote de cierta estabilidad se localiza en el distrito de la Universidad, pero a partir de aquí la variabilidad aumenta progresivamente hacia el borde de la ciudad, donde se alcanzan valores dos y tres veces la desviación estándar en dirección Juslibol-San Gregorio, en el norte, y hacia Montecanal-Montes de Torrero, en el sur (figura 40).

El trabajo desarrollado pone en evidencia la existencia de la isla de sequedad y nos aproxima al conocimiento de algunas de sus particularidades, pero no nos permite un análisis en mayor detalle de aspectos como la evolución temporal o la formación de la isla en situaciones atmosféricas más concretas, cuestiones todas ellas muy moduladas por las variaciones de temperatura. Son temas que caracterizan el clima urbano, que quedan pendientes de nuevos avances en la investigación.

# 6.
## FACTORES CONDICIONANTES
## DE LA ICU Y LA ISU

El clima de las ciudades tiene muchos rasgos en común, como son la formación de las islas de calor o las islas de sequedad; sin embargo, a pesar de las similitudes, las características del clima urbano son bastante específicas de cada ciudad. Ello es debido a la acción de varios tipos de factores: los geográfico-urbanos de cada ciudad y los meteorológicos o relativos al estado del tiempo. En ellos nos detenemos a continuación.

## 6.1. Factores geográfico-urbanos

Se ha hecho referencia a la importante transformación del entorno natural que el hombre hace en las ciudades, hasta el extremo de poder ser consideradas estas como el medio ambiente más específicamente humano. La masa compacta de edificios y pavimento, el aumento de superficies impermeables, la estructura urbana, el tráfico, los espacios ajardinados, etc., provocan una alteración profunda del paisaje y afectan directamente al clima. Y a la acción de estos factores, que denominamos urbanos, se añade la influencia que ejercen los que consideramos de naturaleza geográfica, como son la localización de la ciudad, su topografía, las características del entorno o la presencia de arterias fluviales, igualmente relevantes.

Todos ellos mantienen fuertes relaciones y contribuyen a modificar el clima de la ciudad, pero es evidente que no es igual el peso que tiene cada uno por separado para explicar los cambios de los diferentes elementos del clima. En el caso de la temperatura y la humedad, los factores que más condicionan su comportamiento se detallan a continuación.

*a. Factores condicionantes del reparto de las temperaturas*

De los diferentes condicionantes de las temperaturas de la capital aragonesa, los que pueden ser considerados como más significativos son: la topografía, las áreas verdes, las características radiativas de los materiales, la densidad de edificación y la distancia a los ríos (figura 41). Con aplicación de técnicas SIG y teledetección, se ha realizado un análisis de regresión múltiple por pasos para identificar el signo y la magnitud de la relación existente entre la distribución de las temperaturas y las variables consideradas. Para la elaboración de la cartografía, se ha seleccionado un tamaño de celda de 30 × 30 metros, conforme a la resolución del sensor ETM+ de la imagen del satélite Landsat 7 de fecha 17 de marzo de 2000, con el objetivo de que toda la información presentara la misma escala espacial y fuera perfectamente comparable. La estimación de los distintos factores se hizo del siguiente modo:

— La *topografía* es el factor más destacado y el que tiene un efecto más evidente en el reparto de las temperaturas. El rango de elevación es escaso; oscila entre 190 y 280 metros, pero la característica más significativa es que el área de menor altitud coincide con el centro histórico de la ciudad y con el centro de la ICU; en cambio, lugares como los barrios de La Paz-Torrero y de San Gregorio, 90 metros más elevados que las zonas próximas a la ribera del Ebro, son siempre más frescas, sobre todo en verano.

Para obtener la variable altitud, se generó un modelo general de elevaciones mediante el módulo Isomode del Sistema de Información Geográfica MiraMon, con información cartográfica digital de curvas de nivel interpoladas en z, a escala 1:25.000 del Instituto Geográfico Nacional. Dada la escasa variación altitudinal de la ciudad de Zaragoza, y para la eliminación de posibles efectos en el proceso de elaboración, a la cartografía final resultante se le aplicó un filtrado de 3 × 3. El resultado fue una cuadrícula de 30 metros, que coincide con los mapas climáticos desarrollados y la resolución espacial de la imagen de satélite.

— Las *masas verdes, parques y jardines* tienen especial efecto sobre las temperaturas a través del control de la radiación solar y la humedad ambiental, y condicionan de forma directa el desarrollo de la ICU. Para poder valorar su importancia, se calculó el índice de vegetación de diferencia normalizada (NDVI) a partir de la información de las regiones espectrales del visible y el infrarrojo cercano de la imagen de satélite. Dado que el grado de detalle que permite la imagen es muy elevado, se aplicó un filtro de paso bajo (21 × 21 píxeles) a la imagen NDVI original, para retener exclusivamente los patrones generales de distribución de la cobertura vegetal.

El NDVI es una medida de la actividad fotosintética que está directamente relacionado con la biomasa vegetal total y permite conocer en detalle la distribución de la vegetación, además de ser un buen indicativo de las diferencias que existen entre las áreas verdes dependiendo de su extensión, tipo de arbolado, espacio ajardinado, etc. En todas ellas, las temperaturas suelen ser más bajas que en las áreas edificadas, lo cual explica el papel esencial que desempeña la vegetación en el ambiente térmico urbano. La visualización que hemos hecho muestra cómo las zonas de menor temperatura coinciden claramente con las áreas vegetadas de la periferia urbana y, al mismo tiempo, el valor del índice pone en evidencia la escasa cubierta vegetal que encontramos en el centro de la ciudad, que se corresponde claramente con la ubicación del núcleo más cálido de la isla de calor.

— También la *densidad urbana* tiene un peso notable sobre el mapa térmico, en este caso de signo positivo, siendo habitual que aquellas zonas de mayor densidad construida registren temperaturas mayores. Para identificar los patrones de textura y ocupación del espacio urbano que nos proporciona la imagen de satélite, se realizó un análisis de componentes principales (ACP) a partir de todas las capas de información con el objetivo de obtener el mapa que recoja los rasgos generales de la estructura urbana de la ciudad.

La imagen resultante muestra la heterogeneidad de la morfología urbana y señala el contraste entre el centro de la ciudad y su corona exterior. A grandes rasgos, se dibuja un área central, de elevada densidad de viviendas, que corresponde al casco histórico, plaza de España, el Coso, la avenida de Madrid y los barrios de

Delicias, San José y Las Fuentes, con proyección en parte hacia el norte en los barrios de la Jota y el Arrabal. En torno a este núcleo, se localiza un espacio menos homogéneo, de menor superficie ocupada, que marca el paso a la aureola externa de la ciudad, con espacios más abiertos, discontinuidad de edificación y mayor proporción de zonas verdes.

— La *reflectividad* nos informa de la energía que absorbe y transmite cualquier superficie y depende de las características de este (la capacidad de absorción de radiación del ladrillo o el asfalto es muy distinta a la de la vegetación, por ejemplo). Constituye una variable de gran importancia, pues se comprueba que las superficies que captan mayor cantidad de radiación solar presentan también temperaturas más altas. Sería el caso de las plazas y calles amplias, de materiales muy absorbentes y bien expuestas al sol, frente a las zonas menos soleadas, con presencia de arbolado o espacios verdes.

El análisis realizado se apoya en la consideración de que los diferentes materiales que encontramos en la ciudad (asfalto, ladrillos, cemento, hormigón, vegetación, etc.) van a tener una respuesta reflectiva muy diferente. Ello supone que, cuanto mayor sea el contraste de reflectividad, mayor será la heterogeneidad espacial; en cambio, cuando el contraste es bajo, entonces, la homogeneidad será elevada. El resultado dibuja un mosaico, representativo de la variedad de materiales que encontramos en la ciudad, en el que a grandes rasgos se aprecian la mayor homogeneidad del centro urbano y la compartimentación existente al alejarnos del mismo, en particular en las áreas más recientes de expansión urbana al norte y al sur del río Ebro.

— Los cursos fluviales ejercen un importante papel regulador climático, que puede ser de moderador del calor en verano o intensificador del frío en invierno, al canalizar el aire frío en situaciones de inversión térmica. Para determinar su influencia, se ha realizado un mapa de distancia a los ríos principales, Ebro y Gállego, por su entidad para condicionar las temperaturas en los lugares adyacentes a su trayectoria. En el estudio se han descartado el río Huerva y el Canal Imperial, debido a que el impacto de estos dos cursos de agua es menor en relación con el impacto de la vegetación de sus riberas; además, el río Huerva cruza soterrado buena parte del corazón de Zaragoza.

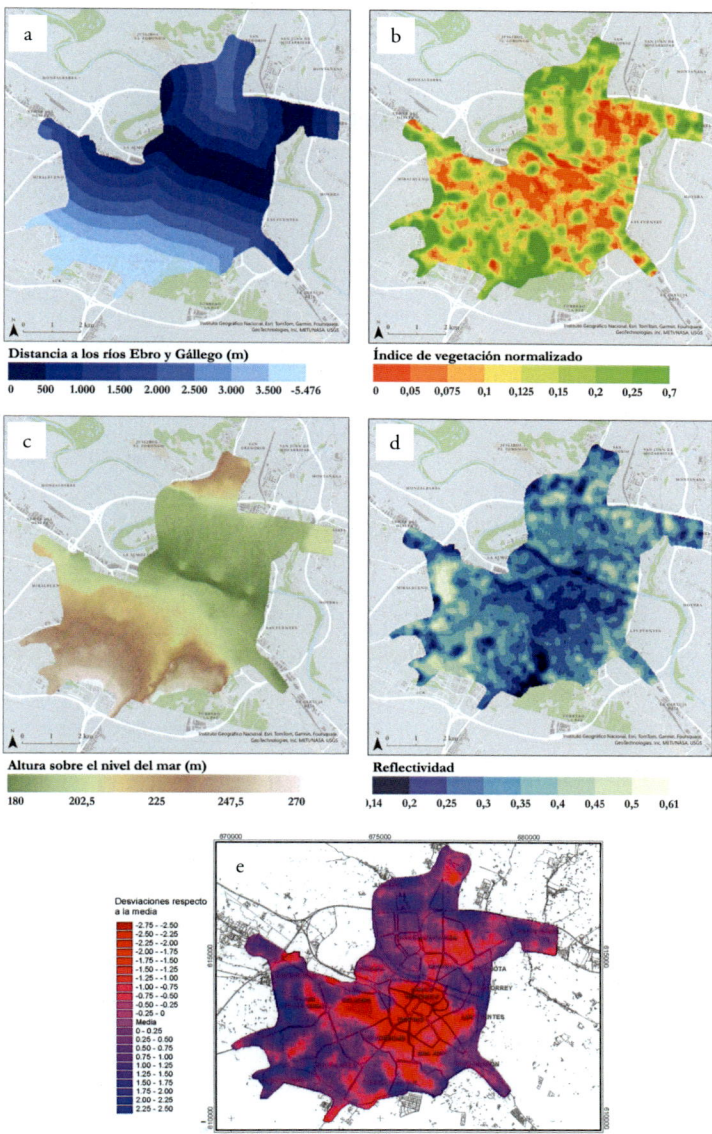

Figura 41. Mapas de variables utilizadas en la interpolación: *a)* distancia a los ríos Ebro y Gállego, *b)* índice de vegetación normalizado, *c)* altitud sobre el nivel del mar, *d)* reflectividad, *e)* densidad urbana.

Cada uno de estos factores actúa como variable explicativa en un modelo en el cual los valores de temperatura y distribución de la ICU se integran como variables dependientes. Para estimar su relación, se llevó a cabo un análisis de regresión múltiple por pasos (Hair *et al.*, 1998), en el que se introducen las variables según la correlación que presentan con las variables dependientes; con ello se evita la introducción de variables redundantes que apenas expliquen, por sí mismas, un porcentaje significativo de la varianza total y también se evitan problemas de colinealidad (correlación entre las diferentes variables independientes). El modelo de regresión incluye salidas, tales como $R^2$ y valores de significación estadística, para ofrecer información de en qué medida son fiables las estimaciones de la variable dependiente.

Los resultados, expuestos en la tabla 4, indican que la topografía es una de las variables de mayor peso: por sí sola, explica el 38 % de la varianza espacial de la temperatura del aire. Con la incorporación de la densidad urbana, aumenta hasta el 62 %. Y el modelo final, que incluye el NDVI y la reflectividad de los materiales, explica el 75 %. Otros factores de posible interés no se han sumado al modelo. Así ocurre con la distancia a los ríos principales, Ebro y Gállego, cuya influencia va unida a la topografía, pues la altitud aumenta conforme nos alejamos del río, y tampoco se ha considerado el tráfico urbano o la densidad de población, porque su acción sobre las temperaturas se ha comprobado que es muy débil (Vicente-Serrano *et al.*, 2003).

TABLA 4
*RESULTADOS DEL ANÁLISIS DE REGRESIÓN MÚLTIPLE
ENTRE LA TEMPERATURA DEL AIRE Y LOS DIFERENTES FACTORES
GEOGRÁFICO-URBANOS CONSIDERADOS*

| Modelo | R Múltiple | R2 Múltiple | R2 Ajustado | Error St. |
|--------|-----------|-------------|-------------|-----------|
| 1 | 0,62 | 0,38 | 0,38 | 0,60 |
| 2 | 0,79 | 0,62 | 0,62 | 0,47 |
| 3 | 0,82 | 0,67 | 0,67 | 0,43 |
| 4 | 0,86 | 0,75 | 0,75 | 0,38 |

| | |
|---|---|
| Modelo 1 | Predictores: elevación |
| Modelo 2 | Predictores: elevación, densidad urbana |
| Modelo 3 | Predictores: elevación, densidad urbana, NDVI |
| Modelo 4 | Predictores: elevación, densidad urbana, NDVI, reflectividad |

La relación entre las variables contempladas es muy fuerte en todos los casos; sin embargo, no es lineal. Con la topografía se observa una débil disminución de la temperatura hasta aproximadamente los 230 metros de altitud, pero a partir de aquí el descenso térmico es bastante más acusado. En el caso de la vegetación, el descenso de la temperatura es rápido, con valores bajos de NDVI, y menos pronunciada para valores altos de cubierta vegetal.

*b. Factores condicionantes de la humedad*

La humedad del aire es más variable que la temperatura y ofrece mayor dificultad de interpretación. Posiblemente por esta razón, los valores de correlación encontrados entre los distintos factores condicionantes son inferiores a los obtenidos para explicar el comportamiento térmico y existen, además, otras diferencias significativas:

— La *densidad urbana* y la *vegetación* son los factores fundamentales que intervienen en el mapa higrométrico de Zaragoza. La primera, de signo negativo, pone en evidencia el descenso de la humedad conforme aumenta la densidad de edificación; la segunda refleja la importancia que, por efecto de la transpiración, tienen las formaciones vegetales para mantener valores siempre superiores a su entorno: este sería el caso de los parques y jardines del interior de la capital y las huertas de sus alrededores.

— Destacable es también la acción de la *reflectividad* de las superficies: junto a materiales de alta capacidad de absorción de radiación y, por ello, altas temperaturas, la humedad relativa desciende, como ocurre en muchos sectores del centro de Zaragoza.

— El efecto que ejerce la *distancia a los ríos* es más débil que la que tienen los factores anteriores; aunque en situaciones concretas de estabilidad atmosférica, con formación de nieblas o neblinas, sobre todo en invierno, las zonas próximas al río Ebro son las más húmedas y donde más pronto alcanza el aire su nivel de saturación.

— El condicionante que supone la *topografía* de la ciudad o, particularmente, el tráfico es en la mayoría de las ocasiones muy escasa, por la mayor dependencia que la humedad tiene del resto de los factores.

TABLA 5
*RESULTADOS DEL ANÁLISIS DE REGRESIÓN MÚLTIPLE
ENTRE LA HUMEDAD RELATIVA DEL AIRE Y LOS DIFERENTES FACTORES
GEOGRÁFICO-URBANOS CONSIDERADOS*

| Modelo | R múltiple | R2 múltiple | R2 ajustado | Error St. |
|---|---|---|---|---|
| 1 | 0,55 | 0,30 | 0,30 | 0,41 |
| 2 | 0,66 | 0,43 | 0,43 | 0,46 |
| 4 | 0,72 | 0,52 | 0,52 | 0,43 |
| Modelo 1 | Predictores: densidad urbana | | | |
| Modelo 2 | Predictores: densidad urbana, NDVI | | | |
| Modelo 4 | Predictores: densidad urbana, NDVI, reflectividad | | | |

Para establecer la relación entre estos factores y la humedad relativa, se siguió la misma metodología que en el caso de las temperaturas y, de igual modo, los factores considerados se incorporaron al modelo matemático de acuerdo con su correlación con la distribución espacial de la humedad relativa. El modelo indica un alto grado de relación, estadísticamente significativa ($p < 0{,}01$), con la densidad urbana, la vegetación y la reflectividad. Los resultados del análisis de regresión múltiple (tabla 5) muestran que la densidad urbana es responsable del 30 % de la varianza espacial de la humedad relativa del aire. Cuando se le suma el índice de vegetación, la varianza se eleva al 43 %. Y en el modelo final, que incluye el NDVI y la reflectividad del material, supone el 52 %.

La densidad de edificación y la vegetación son las variables que tienen la mayor influencia sobre la humedad relativa. La elevación tiene muy escaso peso en el modelo, porque los valores de humedad están fundamentalmente condicionados por la presencia de zonas verdes urbanas y, en consecuencia, dependen muy poco de la altitud. De todos modos, hay que señalar que la explicación de la humedad es mucho más compleja que la temperatura, como pone de manifiesto la menor explicación que genera el modelo.

## 6.2. Factores atmosféricos: el viento

La frecuencia e intensidad de la ICU y la ISU dependen de los factores que hemos denominado geográfico-urbanos, pero las islas también están muy condicionadas por la acción del viento. Con viento flojo o en calma y cielos despejados o poco nubosos, condiciones que se asocian a situaciones anticiclónicas, las islas alcanzan su mayor intensidad, pero su configuración experimenta cambios significativos relacionados con la dinámica atmosférica regional, como han puesto de relieve Lowry (1977) y Landsberg (1981), al vincular las diferentes formas con los flujos de viento y las condiciones meteorológicas. Para comprender la importancia de la dirección del viento en la distribución espacial de la ICU y la ISU, se han combinado dos técnicas de análisis multivariado: un ACP en modo T y un análisis de varianza. Y, para conocer el origen del flujo del aire, se ha seguido la clasificación de tipos de tiempo de Jenkinson y Collison (1977).

La clasificación de Jenkinson y Collison es un método objetivo de clasificación de situaciones sinópticas a partir de la presión atmosférica en superficie. De ella se obtienen 27 tipos de tiempo, en función de la dirección del viento y del carácter ciclónico o anticiclónico, en un retículo de 9, 16 o más puntos que englobe el área objeto de estudio. En nuestro caso, se ha usado el retículo octogonal de 16 puntos, con extremos en los paralelos 30 N y 50 N y en los meridianos 20 W y 10 E, de la base de presiones diarias NCEP-NCAR (Basnett y Parker, 1997), en las fechas comprendidas entre enero de 1951 y diciembre de 2000 (figura 42). Los tipos generales se han resumido y reclasificado en seis tipos dominantes: por un lado, los anticiclónicos (A) y ciclónicos (C) puros y, por otro lado, los de las cuatro direcciones dominantes (N, S, E y W), adscribiendo los tipos híbridos a cada una de ellas en función de la dirección del flujo y cartografiando la presión promedio en cada uno de estos tipos para la península ibérica.

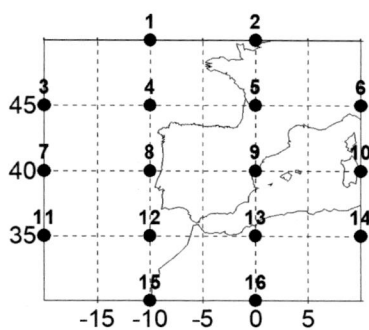

Figura 42. Rejilla de presión utilizada para la clasificación de tipos de tiempo (obtenida de Rasilla *et al.*, 2002).

La información de la dirección del viento en superficie procede de la estación meteorológica de Zaragoza. Los días en los que se disponía de medición de la temperatura y humedad de la ciudad se calculó la dirección promedio de los flujos de viento en grados y, posteriormente, se reclasificaron a dos categorías: las direcciones del viento de 45 a 225° se clasificaron como flujos del SE, mientras que las direcciones entre 225 y 45° se clasificaron como flujos del NO. Esta selección estuvo condicionada por la propia topografía del valle del Ebro, en el que los vientos del S o E adquieren componente SE, mientras que los vientos de origen N u O se canalizan en el valle y adquieren dirección NO.

El ACP se aplicó al conjunto de los 32 mapas con información estandarizada y espacialmente continua de los días en los que se registraron los datos de temperatura y humedad de Zaragoza, con este planteamiento: los días de medición son la variable que resumir y las distintas localizaciones son los casos. La selección de componentes se realizó utilizando el criterio de valor propio > 1 (Hair *et al.*, 1998). Una vez obtenidos, se consideró necesaria su rotación, ya que esto redistribuye la varianza y elimina ambigüedades espaciales. En esta investigación, se eligió la rotación Varimax (Kaiser, 1958), ya que este método es el más comúnmente empleado para garantizar patrones más estables y físicamente explicables (Richman, 1986). Con el objeto de determinar si estos factores de carácter sinóptico y regional tienen algún tipo de intervención sobre la disposición espacial de la ICU y la ISU, se realizó un análisis de varianza a partir de las clases a las que se adscribe cada uno de los días de medición. De este modo, se comprueba si existen diferencias significativas en los valores de las cargas factoriales de cada uno de los componentes en función del tipo sinóptico y de la dirección del flujo de viento a escala regional. Dado que las cargas factoriales indican el peso de cada medida particular sobre un modelo espacial concreto, cargas factoriales muy elevadas en situaciones de predominio del viento en una dirección indican su importancia determinante en el modelo representado (Vicente-Serrano, 2005; Cuadrat *et al.*, 2015).

Los resultados muestran la gran influencia que la dirección del viento tiene sobre las islas de calor y de sequedad de Zaragoza, que se pone de manifiesto con la generación de dos patrones de distribución espacial muy diferentes.

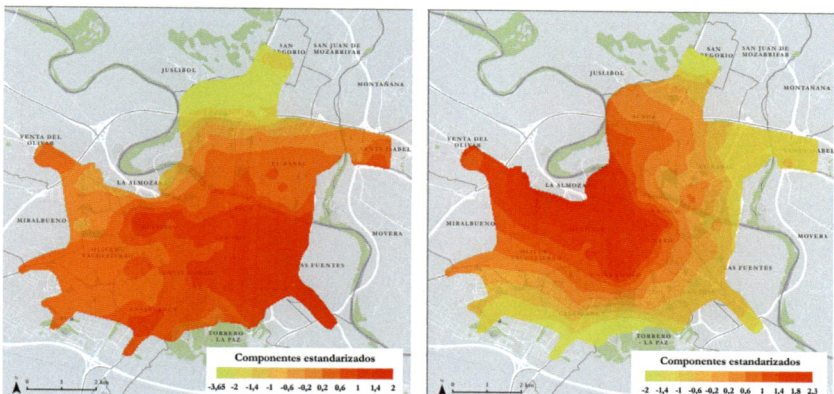

Figura 43. Mapa de relación entre la distribución de la temperatura del aire en Zaragoza y los flujos de viento del noroeste (izquierda) y sudeste (derecha).

— En el caso de las *temperaturas,* el mapa promedio indica que la ICU se localiza en las áreas centrales de la ciudad, pero, cuando sopla el viento del NW, el denominado viento cierzo, la isla de calor se desplaza hacia el este. En estas ocasiones, las zonas normalmente más cálidas, como son el barrio de las Delicias, el casco histórico o el Coso, pierden entidad y la ganan el sector de Las Fuentes y Bajo Aragón, donde se localizan ahora los valores térmicos más altos. La diferencia con los barrios occidentales, como Valdefierro, Oliver o Miralbueno se hace evidente y, en particular, con los sectores más abiertos al influjo del viento, como son La Almozara o Juslibol (figura 43).

— Bien distinta es la situación cuando en Zaragoza sopla viento del SE, el viento bochorno. En estos casos, la isla térmica es empujada en dirección hacia el oeste, lo cual provoca que el centro, Delicias, Almozara y Valdefierro sean las zonas más cálidas. Alrededor de ellas, y dibujando una forma típica de herradura, las temperaturas disminuyen en dirección hacia los barrios más periféricos del este de Zaragoza: Santa Isabel, Vadorrey, Bajo Aragón y Torrero-La Paz.

— Respecto a la *humedad,* se puede subrayar también la importante relación entre su distribución y los flujos de viento, aunque no

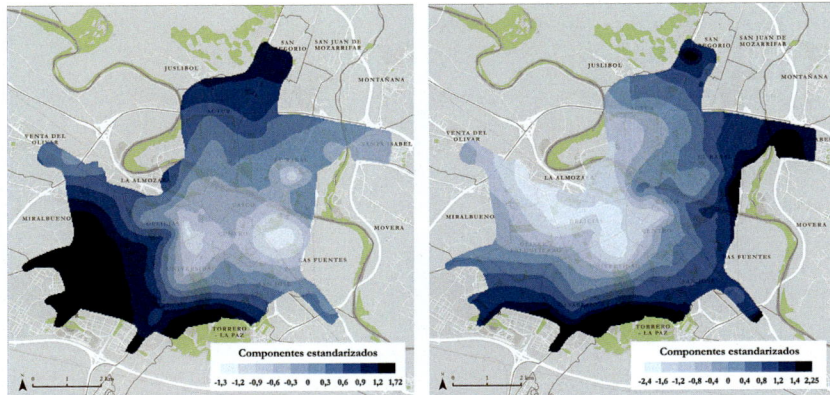

Figura 44. Mapa de relación entre la distribución de la humedad relativa del aire en Zaragoza y los flujos de viento del noroeste (izquierda) y sudeste (derecha).

siempre es tan nítida como en el caso de las temperaturas. Con viento cierzo, la isla de sequedad alcanza su máxima expresión en el centro-este de Zaragoza (casco histórico y barrio de Las Fuentes) y en la periferia oriental (Santa Isabel), en claro contraste con los valores de humedad relativa mayores de los barrios occidentales de Miralbueno, Oliver, Valdefierro, Casablanca y Montecanal (figura 44).

— En el caso contrario, con flujos del sudeste, el efecto es mucho más evidente: las áreas urbanas a sotavento de los vientos dominantes de bochorno (que son igualmente las más cálidas) sufren un importante descenso de humedad relativa, que contrasta con la periferia sur y este de la capital, donde la humedad ambiental llega a situarse hasta 30 puntos porcentuales más alta; así ocurre cuando se comparan los casos extremos del centro urbano, Delicias, La Almozara y Miralbueno, muy secos, con Torrero-La Paz, Bajo Aragón y Santa Isabel, más húmedos.

# 7.
# MODELIZACIÓN DEL CLIMA URBANO

La modelización del clima urbano a partir de la integración de las variables que sobre él influyen y la elaboración de cartografía climática que sirva de instrumento válido para su aplicación en el planeamiento urbano es otra de las líneas de investigación en boga en los últimos años. La incorporación de las nuevas técnicas de teledetección y las actuales herramientas SIG, la creación y el fácil acceso a bases territoriales, como Corine, Urban Audit o Urbanatlas y la instalación de nuevas redes de observación en las áreas urbanas, han sido factores clave en el desarrollo de esta nueva etapa. El objetivo es dotar a los gestores de un instrumento capaz de integrar los estudios de clima en la ordenación urbanística y que se contemplen medidas para mejorar la calidad climática de las ciudades en relación con el grado de confort, la contaminación, la salud de sus habitantes y el conjunto del ecosistema urbano. En este contexto, se sitúan las acciones impulsadas en varias ciudades españolas, como son los proyectos Modifica en Madrid, Urban Klima en Vitoria, Oldadapt en Cáceres-Bilbao, los estudios del Metrobs en Barcelona o el más reciente Vituclim iniciado en Valencia.

Siguiendo estas iniciativas, en Zaragoza se profundiza en el conocimiento de los factores que intervienen en el clima urbano con el interés también de incorporar los objetivos climáticos en la planificación urbanística. La cartografía que se diseña integra variables físicas y geoespaciales para determinar el fenómeno de la isla de calor y de la isla de humedad.

Un primer paso en la elaboración de estos mapas es la visualización de las características climáticas de la ciudad, la definición de categorías del clima urbano y la ponderación de cada una de las variables que las conforman. El siguiente paso será marcar pautas que permitan consideraciones de planificación.

Lógicamente, los patrones de temperatura y humedad observados con las nuevas medidas son similares a los analizados en los proyectos anteriores, en los que se advierte con claridad las diferencias entre áreas urbanas y rurales inmediatas, pero esta metodología añade más información, al representar con mayor regularidad la configuración espacial que siguen la temperatura y la humedad del aire. El nuevo procedimiento supone que las variables predictoras no son elementos fijos, sino variables que cambian con el tiempo, lo cual permite una mejor aproximación a la realidad urbana y la confección de una cartografía más precisa, para su inclusión en la ordenación del espacio urbano.

## 7.1. Aspectos metodológicos

### *a. Control de calidad de los datos*

Los avances en la actual investigación del clima de la capital aragonesa se apoyan en los datos que proporciona la red de sensores termohigrométricos instalados en la ciudad. Se trata de sensores del tipo HOBO Pro v2, cuyo rango de funcionamiento en las temperaturas es de los −40 °C a los 70 °C, con una precisión de 0,04 °C y una resolución de 0,02 grados. Están colocados en postes públicos, aproximadamente a 3 metros del suelo, y se protegen de la radiación solar directa y del efecto de la lluvia mediante un soporte blanco de plástico del tipo M-RSA, que permite asimismo la circulación de aire por su interior (figuras 45 y 46). La red está formada por 21 sensores, ubicados en lugares representativos de distintos ambientes de la urbe y su periferia inmediata, siguiendo los criterios definidos por Steward y Oke (2012), quienes clasifican los espacios urbanos en zonas climáticas locales (LCZ, por sus siglas en inglés: de *local climate zones*) según la trama de la ciudad (figura 47). En total, cubren 11 LZC diferentes, con 7 clases representativas de áreas edificadas y 4 de otros usos.

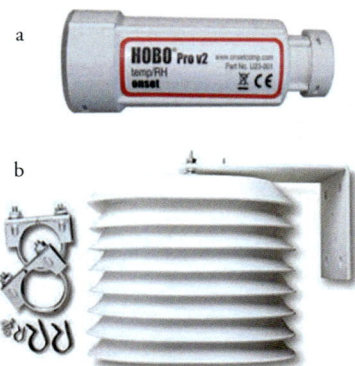

Figura 45. Sensores modelo HOBO Pro v2 utilizados para el registro de la temperatura y humedad relativa del aire: *a)* registrador de datos, *b)* protector de lluvia y radiación.

Figura 46. Colocación de los sensores en diferentes puntos de la ciudad

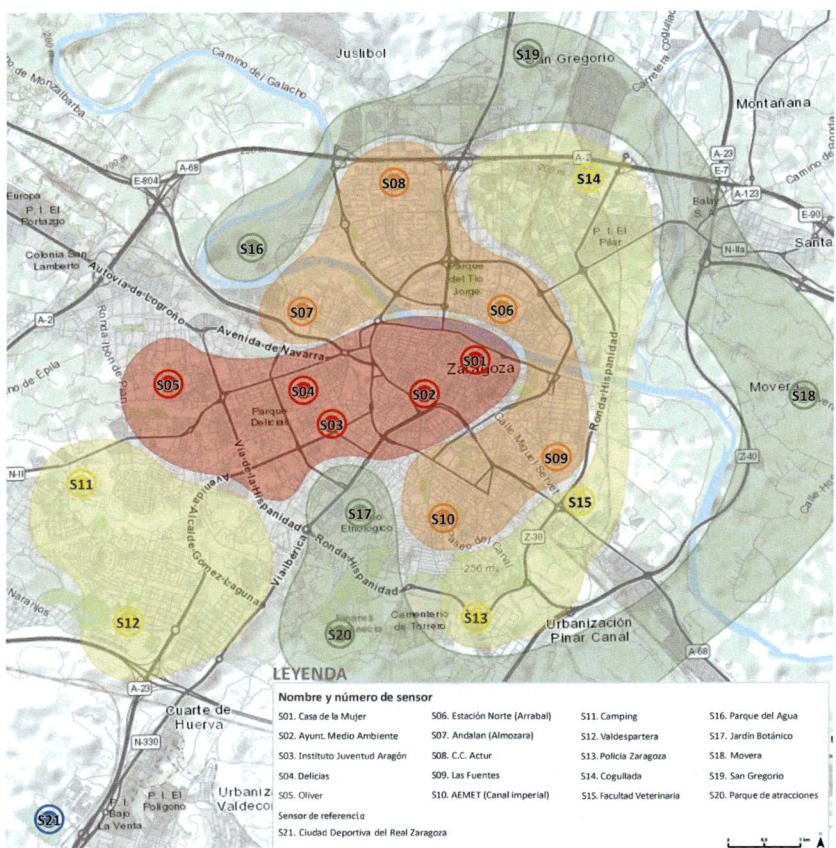

Figura 47. Red de sensores termohigrométricos de Zaragoza. Los colores indican distintas agrupaciones, según la distancia al centro urbano. Los sensores S01 a S05 son representativos de espacios densamente urbanizados. S06 a S15 están ubicados en espacios con menor densidad de edificación, calles más amplias y cubierta vegetal. S16 a S21 están en áreas poco urbanizadas y con notable proporción de suelos permeables y superficie vegetal.

Los datos registrados por esta red han sido sometidos a un riguroso control de calidad, para evaluar la presencia de lagunas de información, datos aberrantes e inhomogeneidades. Para ello, se ha creado un paquete de funciones en lenguaje R, de código abierto, que consiguen minimizar la presencia de errores en la base de datos y garantizan su consistencia (véase todo el proceso en detalle en Barrao *et al.*, 2022*c*). En primer lugar (los pasos seguidos se exponen en la figura 48), se ha realizado la detección y eliminación de datos fuera de rango que exceden de los valores posibles esperables en el entorno climático en el que se localiza Zaragoza, y que se han establecido entre −15 ºC y los +50 ºC, por tratarse de extremos de temperatura nunca registrados en los observatorios de Aemet. En el caso de que el dato registrado en uno o varios sensores se alejase +/−3 desviaciones estándar, el valor ha sido considerado sospechoso, para su revisión posterior y verificar si se trata o no de un valor anómalo, en función de la dinámica atmosférica de ese día.

En registros de datos con una alta frecuencia temporal, como es el caso, también es frecuente observar la aparición de valores consecutivos repetidos debidos a situaciones de marcada y prolongada estabilidad atmosférica o también por un fallo en el sensor o en el *data-logger*. En esta ocasión, para la depuración de datos, se ha establecido un umbral de 12 repeticiones, es decir, 12 horas consecutivas en las que el sensor hubiera registrado el mismo valor. Las series de datos repetidos detectadas de forma automática son posteriormente analizadas de forma individual, como en la fase anterior, en función de la situación sinóptica de ese día, para decidir sobre su inclusión o eliminación. Días de nieblas o de inversiones térmicas persistentes pueden ser la causa de la inexistencia de cambios durante varias horas en los valores registrados y, por ello, se precisa de esa segunda revisión.

A veces, las series tienen datos aberrantes y presentan variaciones abruptas. Para detectarlos, se ha utilizado de nuevo el umbral de tres desviaciones estándar, en relación con la media del conjunto de sensores; de forma que, cuando un valor supera en ese umbral al registrado en la hora anterior, se señala como sospechoso y también debe ser revisado. La comprobación se hace en función de la situación sinóptica de ese día, porque tormentas, reventones cálidos y fríos o disipación de las nieblas, entre otras situaciones, pueden hacer que la temperatura cambie incluso más de 10 ºC en pocos minutos. Esta continua evaluación de las condiciones atmosféricas ha obligado a contar con un registro automatizado de situaciones sinópticas como herramienta auxiliar para la toma de decisiones sobre datos sospechosos. Para ello, se ha empleado el *R package «synoptReg»* (Lemus-Canovas *et al.*, 2019), que nos permite obtener una clasificación sinóptica de una región dada a partir de datos de reanálisis de NOAA NCEP/ NCAR. Las situaciones sinópticas son calculadas para cada uno de los días en los que aparecen datos sospechosos y, de estos, se evalúa su probabilidad de ocurrencia, en función de las características de la circulación atmosférica en ese momento.

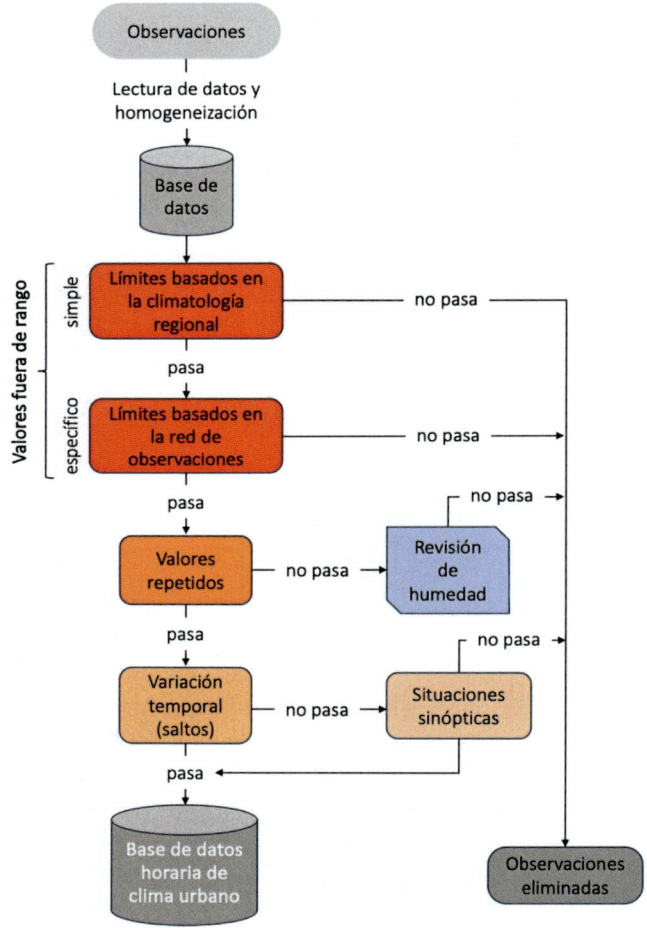

Figura 48. Proceso seguido para la creación de la base de datos de temperatura y humedad relativa a partir de la información registrada por la red de sensores termohigrométricos de Zaragoza. Fuente: Barrao *et al.* (2022).

El control de calidad ha significado el análisis de casi 600 000 registros de temperatura desde que se instaló la red en marzo de 2015 hasta 2021. El porcentaje de datos ausentes es bajo, solo el 4,3 %, que puede deberse a fallos en el sensor o a períodos en los que el sensor fue retirado temporalmente para su calibración. Y los datos señalados como sospechosos fueron de únicamente el 1,6 %. A partir de la base de datos creada, se ha desarrollado la modelización cartográfica, que permite el análisis de forma sistemática, con seguimiento detallado y continuo, de la distribución espacial y temporal de las temperaturas y humedad relativa de Zaragoza.

*b. Modelización cartográfica*

Para la modelización cartográfica, se recurrió de nuevo al empleo de la técnica geoestadística del *kriging,* que posibilita predecir los valores de una variable en lugares donde no hay mediciones a partir de puntos con valores conocidos. El método es muy útil, porque analiza la variación entre observaciones y las características geográficas de su entorno. Además, permite que la distribución espacial incluya una tendencia subyacente que puede describirse mediante una función lineal de predictores y asume la estacionalidad intrínseca solo después de tener en cuenta esta tendencia subyacente. De este modo, la temperatura y la humedad urbanas tienen un patrón espacial, que puede ser explicado mediante covariables o, lo que es lo mismo, mediante variables predictoras correlacionadas con la temperatura y la humedad.

El cálculo de la distribución espacial de la temperatura del aire y la humedad relativa de Zaragoza se realizó con la información de los años 2020 y 2021. Y, en cuanto a las variables predictoras del *kriging,* se buscaron aquellas que permitieran ajustar mejor la interpolación para explicar la distribución térmica y de humedad. Finalmente, se contemplaron nueve variables: modelo digital de superficies (MDS), modelo digital de terreno (MDT), zonas climáticas locales (LCZ), *sky view factor* (SVF), radiación solar total (RAD), índice de rugosidad del terreno (TRI), densidad de suelo impermeable (IMD), índice de vegetación de diferencia normalizada (NDVI) y distancia a masas de agua (figura 49). Para la interpolación, todos los predictores se reescalaron a una cuadrícula de 100 metros, ya que se consideró una resolución adecuada para representar la información de

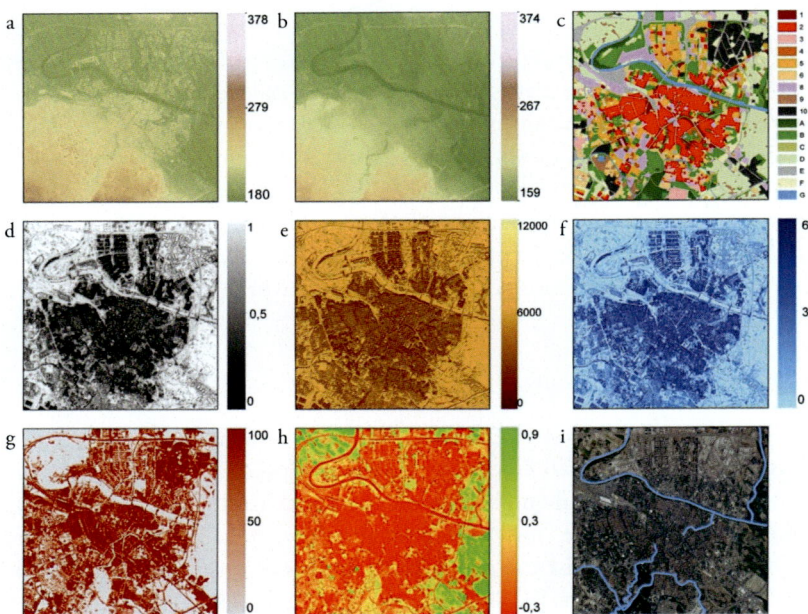

Figura 49. Variables predictoras utilizadas en el modelo de interpolación: *a)* modelo digital de superficies, *b)* modelo digital de terreno, *c)* zonas climáticas locales, *d)* sky view factor, *e)* radiación solar total, *f)* índice de rugosidad del terreno, *g)* densidad de suelo impermeable, *h)* índice de vegetación de diferencia normalizada, *i)* distancia a masas de agua.

una ciudad de tamaño poblacional medio. El remuestreo espacial de los datos se realizó en R aplicando el paquete ráster y la opción «bilineal». A continuación, se detallan los diferentes predictores:

— Modelo digital de superficies (MDS). El MDS representa la superficie más elevada sobre el terreno, ya sea de origen natural o artificial, como las edificaciones. Los datos de partida para la generación de esta variable son los ficheros de puntos LiDAR. Los datos se obtuvieron del portal del Instituto Geográfico Nacional; concretamente se utilizó el modelo digital de superficies 1.ª Cobertura con paso de malla de 5 metros (MDS05) del año 2010.

— Modelo digital del terreno (MDT). El MDT es un modelo digital referido a las elevaciones del terreno de un espacio concreto, desestimando elementos como bosques o edificaciones. Al igual que en el caso del MDS, parte de los ficheros LiDAR y también se obtuvo la información del Instituto Geográfico Nacional. Se utilizó el modelo digital del terreno 2.ª Cobertura con paso de malla de 2 metros (MDT02) del año 2016.

— Zonas climáticas locales (LCZ). Las LCZ, o *local climate zones*, son una variable temática basada en la clasificación de los usos del suelo en relación con el comportamiento térmico de la ICU y a escala de ciudad. Se desarrollaron originalmente para cuantificar la relación entre la isla de calor urbana (ICU) y el patrón morfológico urbano por Stewart y Oke (2012). En esta ocasión se optó por utilizar la clasificación desarrollada por Oliveira (2020), adaptándola a nuestra zona de estudio y utilizando Arc-GIS como *software*.

— *Sky view factor* (SVF). El SVF muestra el porcentaje de cielo que puede ser visto desde una localización. Para calcularlo, se utilizó el *software* de información geográfica SAGA GIS, en particular el módulo Sky View Factor, dentro de Terrain Analysis. Se aplicó como base al MDS de 5 metros previamente descargado y el método de «sectores» con un valor predeterminado de 8.

— Radiación solar total (RAD). Se calculó la radiación solar potencial total que incide sobre la ciudad, una variable muy relacionada con la SVF y la temperatura, debido a la insolación. De nuevo se utilizó SAGA GIS pero, en esta ocasión, el módulo Potential Incoming Solar Radiation. Fue necesario incluir el MDS a 5 metros y el SVF. Se obtuvo la insolación total para todo el período de estudio, teniendo en cuenta las sombras y obteniendo los resultados en kWh/m$^2$.

— Índice de rugosidad del terreno (TRI). El TRI es un índice sencillo, que tiene como objetivo cuantificar la heterogeneidad de la topografía en un espacio concreto. De nuevo se utilizó SAGA GIS con el módulo Terrain Ruggedness Index dentro de Terrain Analysis e incorporando el MDS de 5 metros.

— Densidad de suelo impermeable (IMD). El IMD, o Imperviousness Density, representa la impermeabilidad del suelo; es decir, el porcentaje de cambio artificial de la cubierta del suelo o sellado.

Los datos provienen del programa Copernicus del servicio Land Monitoring Service. Con una resolución de 10 metros, se descargó el conjunto de datos de 2018 para España, ajustándose posteriormente a la zona de estudio.

— Índice de vegetación de diferencia normalizada (NDVI). El NDVI es un indicador simple de la actividad fotosintética de las plantas que informa sobre el vigor de la vegetación. Para su aplicación dentro del modelo, se utilizó el promedio del NDVI máximo del período de verano. Los datos se obtuvieron a partir de una serie temporal de imágenes con los sensores TM, ETM+ y OLI de Landsat entre 2015 y 2021, a las que se aplicaron una serie de correcciones de reflectividad de la superficie de las imágenes mediante Google Earth Engine (GEE).

— Distancia a masas de agua. Las masas de agua influyen en las pérdidas o ganancias de temperatura del espacio que las rodea; por ello, se calculó la distancia en metros de los sensores a las principales masas de agua de la ciudad, donde destaca el río Ebro como principal superficie de agua de la ciudad, pero también los tramos descubiertos del río Huerva, Gállego y el Canal Imperial.

Con objeto de conocer cuál de las variables previamente descritas guarda mayor relación con la temperatura y cuál debe incluirse en el modelo de interpolación, se realizó un análisis de correlación y regresión lineal. Se optó por comparar la temperatura media total de toda la serie para cada sensor con el valor de cada una de las variables predictoras. El mismo procedimiento se siguió con la humedad relativa del aire. Se utilizaron solo aquellas variables que fueran significativas y que alcanzaran valores de correlación elevados, superior a 0,6 o inferior a −0,7. En total, se obtuvieron cuatro predictores: zonas climáticas locales (LCZ), *sky view factor* (SVF), densidad de suelo impermeable (IMD) e índice de vegetación de diferencia normalizada (NDVI). Estas variables se incluyeron en el modelo de interpolación de *kriging* universal, mediante diferentes combinaciones y, para cuantificar la precisión del modelo, se utilizó la validación cruzada, que permite estimar el error cuadrático medio (RMSE) de las diferentes combinaciones de variables.

Se calcularon cinco medidas de validación cruzada: (1) *kriging* universal con LCZ, (2) *kriging* universal con SVF, (3) *kriging* universal con LCZ junto a SVF, (4) *kriging* universal con IMD y NDVI y (5) *kriging* universal, que incorporó todas las variables predictivas correlacionadas significativamente, a excepción de las LCZ. Una vez estimado el RMSE de todas las opciones, se siguió el modelo con menor error —el modelo 5 (SVF, IMD y NDVI)—, con un valor de 0,38, y que contara con la distribución espacial más ajustada a la realidad. El *software* utilizado para la aplicación de esta metodología fue el sistema de información geográfica ArcGIS, SAGA GIS, en el entorno de programación R.

## 7.2. Configuración espacial de la temperatura del aire

### 7.2.1. Patrón térmico promedio

La organización espacial de la temperatura del aire calculada con los datos de los años 2020-2021 mantiene fuerte coincidencia con los mapas previos obtenidos con la información de los transectos térmicos, pero renovados con la aplicación de técnicas cartográficas más avanzadas y referidos a un espacio urbano más extenso surgido del fuerte crecimiento de Zaragoza en los últimos años.

El mapa térmico promedio anual (figura 50) dibuja con claridad una isla de calor, con un núcleo central que comprende el casco histórico, parte de las Delicias y La Almozara, y se prolonga hacia la margen izquierda del río Ebro, en el Arrabal y el Actur, donde las temperaturas oscilan alrededor de los 17 ºC. Al alejarnos de esta área, los valores térmicos marcan un progresivo descenso en dirección a los barrios Oliver, Casablanca, San José Torrero-La Paz, condicionados por el relieve, los espacios más abiertos y la amplitud de las zonas verdes y ajardinadas. Y más acusado es aún el descenso hacia la periferia urbana, donde las temperaturas escasamente superan los 15 ºC, como así ocurre en las zonas topográficamente más elevadas al norte (San Gregorio) y sur de la ciudad (pinares de Venecia) y en los barrios rurales al oeste (Juslibol y Alfocea) y este (Movera y Montañana), de baja densidad de edificación y amplias superficies de cultivo.

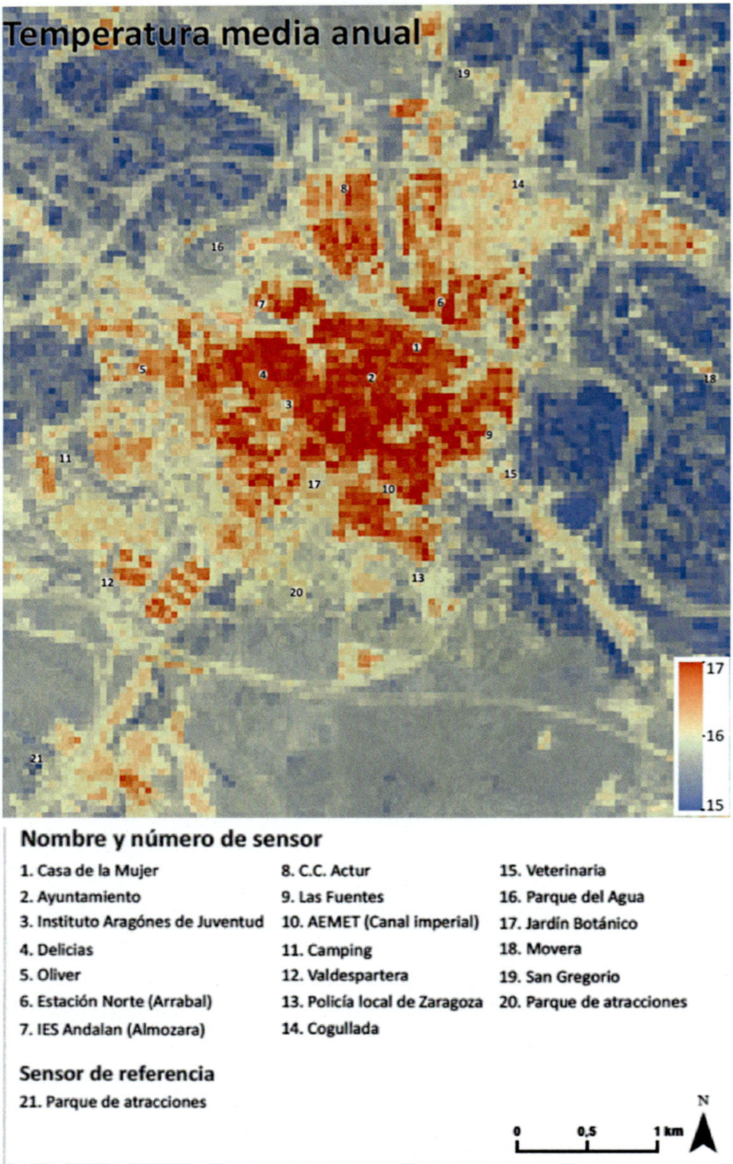

Temperatura media anual
17
16
15
Nombre y número de sensor
1. Casa de la Mujer
2. Ayuntamiento
3. Instituto Aragónes de Juventud
4. Delicias
5. Oliver
6. Estación Norte (Arrabal)
7. IES Andalan (Almozara)
8. C.C. Actur
9. Las Fuentes
10. AEMET (Canal imperial)
11. Camping
12. Valdespartera
13. Policía local de Zaragoza
14. Cogullada
15. Veterinaria
16. Parque del Agua
17. Jardín Botánico
18. Movera
19. San Gregorio
20. Parque de atracciones
Sensor de referencia
21. Parque de atracciones
N
0
0,5
1 km

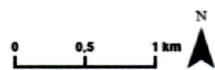

Figura 50. Mapa de distribución espacial de la isla de calor promedio del bienio 2020-2021 en Zaragoza (Barrao, 2024).

Dentro del tejido urbano, es muy significativo el ambiente más fresco, que se observa en el corredor del río Ebro y en la desembocadura del río Gállego, al igual que ocurre en el Parque del Agua o los lagos de Valdespartera, todo lo cual responde a la extraordinaria importancia que los ecosistemas fluviales y los espacios verdes tienen sobre el clima, porque ayudan a regular la temperatura y la humedad, y a ofrecer condiciones más benignas en contextos desfavorables. Lógicamente, son numerosos los matices y particularidades que encontramos en la ciudad, pero, contemplada en su conjunto, la temperatura en el interior de la urbe es en promedio 1,6 ºC superior a su entorno rural.

Una imagen muy significativa de la singularidad del fenómeno de la isla de calor zaragozana, y que muestra de forma clara el calentamiento del centro de la ciudad respecto a su periferia, nos lo ofrece el trazado de un perfil térmico medio, en sentido aproximado norte-sur, desde Juslibol hasta Torrero, que se representa en la figura 51. A partir del espacio natural que constituye el Galacho de Juslibol, a las puertas de la ciudad de Zaragoza, la temperatura va en aumento a medida que se entra en el área urbana hasta llegar al canal frío que representa el río Ebro, donde se observa un evidente descenso que interrumpe el desarrollo de la isla de calor. Desde este punto, se recupera el incremento térmico, hasta alcanzar su valor máximo y el perfil adquiere forma de amplia meseta, que se corresponde con el área de mayor compacidad y elevado grado de edificación de la ciudad. A continuación, la temperatura desciende de forma acusada al llegar al Parque Grande José Antonio Labordeta, formando un escarpe térmico, fruto de la influencia de la vegetación y típico también de los bordes de los continuos urbanos.

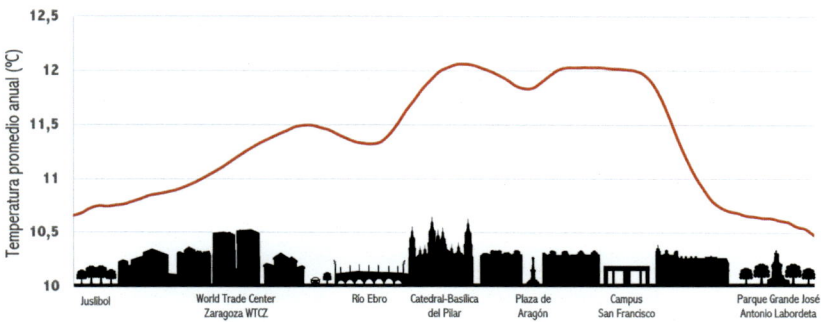

Figura 51. Perfil de la isla de calor de Zaragoza promedio del período 2020-2021, en un corte transversal aproximado Norte-Sur.

## 7.2.2. Variación estacional y diaria de la isla de calor

Las temperaturas medias de las cuatro estaciones muestran patrones de distribución espacial de la ICU similares a los observados para la temperatura media anual, siendo el centro urbano y las zonas de mayor densidad y volumen de edificación del sur y este de la ciudad las que registran valores térmicos más elevados respecto a la periferia menos urbanizada (figura 52). Al tratarse de datos promedio, la intensidad de la ICU tampoco presenta diferencias muy marcadas; no obstante, la isla se hace más evidente en verano, con cambio de temperatura entre el centro y la periferia próximo a los 2 ºC, y se suaviza en invierno, al situarse en torno a 1,5 ºC. Las causas de estas variaciones son aspectos en los que conviene profundizar, que probablemente estén relacionadas con el frecuente dominio del tiempo anticiclónico en verano, favorecedor de la ICU, y la presencia de nieblas en invierno, que tienden a borrarla.

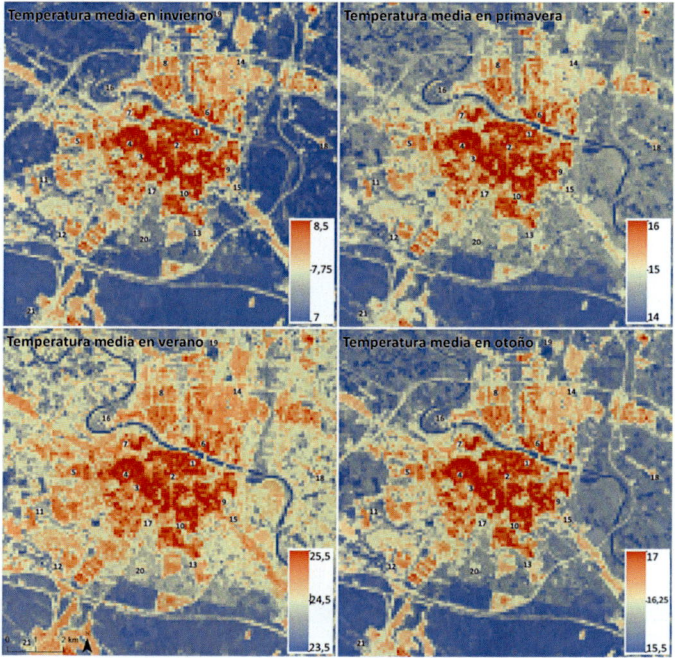

Figura 52. Mapas de la distribución espacial de la isla de calor en cada una de las estaciones del año en el bienio 2020-2021 (Barrao, 2024).

Lógicamente, mayor variación ofrece el ciclo diario de la ICU, por el fuerte contraste térmico entre el día y la noche. La máxima intensidad de la isla se alcanza a primeras horas de la noche, cuando la periferia urbana experimenta un rápido enfriamiento, mientras la ciudad conserva parte del calor acumulado durante las horas de día. Cartográficamente, el contraste campo-ciudad se aprecia muy bien en los valores más elevados, superiores a 2,5 ºC, que registran los sensores urbanos, frente a los localizados en la periferia. Por el contrario, al amanecer, este gradiente térmico tiende a disminuir, por el rápido calentamiento del campo, frente a las sombras que proyectan los edificios urbanos, y a mediodía puede llegar a desaparecer e incluso llegar a crearse una limitada isla de frescor. En estos momentos, el patrón térmico es muy heterogéneo, con diversidad de matices fruto de la propia morfología urbana, pero la isla de calor se recupera de nuevo por la tarde y evoluciona hasta situarse en su máximo nocturno (figura 53).

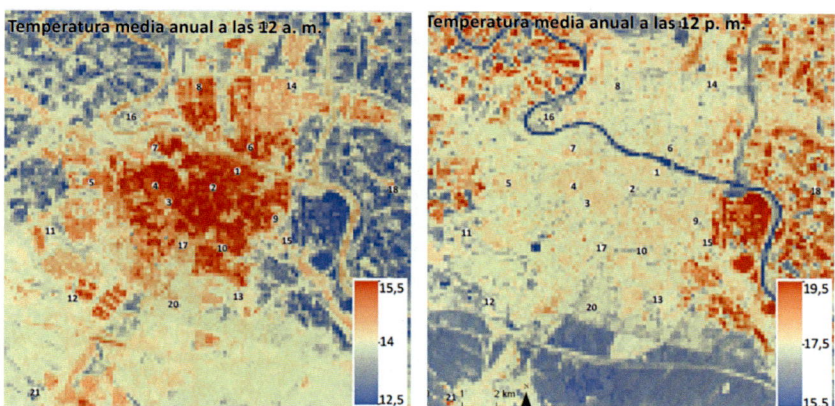

Figura 53. Mapas de la distribución espacial de la temperatura promedio del período 2020-2021 a las 12:00 horas de mediodía y a las 12:00 horas de la noche, en la que se aprecia la formación de la isla de frescor diurna y la isla de calor nocturna de Zaragoza (Barrao, 2024).

# 8.
# EL CLIMA URBANO EN EL CONTEXTO DEL CAMBIO CLIMÁTICO

En el actual contexto de cambio climático, las ciudades están en el centro del debate, al ser particularmente vulnerables a los riesgos climáticos por la elevada concentración en ellas de población, edificios e infraestructuras. A su vez, las ciudades contribuyen al calentamiento general observado, porque reúnen muchas de las actividades humanas responsables de las mayores emisiones de gases de efecto invernadero, y localmente acentúan el incremento térmico por el fenómeno isla de calor que origina la propia urbe. En este marco, el Grupo Intergubernamental de Expertos sobre el Cambio Climático (IPCC) reconoce el papel clave de las ciudades en el clima y prepara para su séptimo informe la inclusión de un documento especial sobre cambio climático y ciudades.

Una de las cuestiones que se plantea con la actual evolución del clima es su incidencia en la intensidad y en el efecto isla de calor, ya que aumentará el tiempo de exposición a episodios de temperaturas elevadas y, con ello, se agravarán los efectos negativos. Algunos investigadores han señalado que el calentamiento global no acentuará la intensidad de la ICU; es decir, la diferencia entre el centro urbano y la periferia, pero sí su gravedad en cuanto a valores nocturnos muy elevados en los barrios centrales (Hamdi *et al.,* 2015). Es sabido que con ambientes urbanos más cálidos se acrecienta la probabilidad de que aparezca estrés térmico y de que sea mayor el riesgo para la salud humana. En este sentido, las estadísticas de mortalidad durante los episodios de ola de calor son bien concluyentes: el informe MoMo (Sistema de Monitorización de la Mortalidad Diaria) que elabora el Instituto de Salud Carlos III considera que el 12 % de la población fallecida en verano en España entre 2015 y 2023 tiene alguna relación con las altas temperaturas. En un estudio reciente, realizado con datos de 93 ciudades europeas, se estima que más del 4 % de la mortalidad estival es atribuible a las islas de calor urbanas (Lugman *et al.*, 2023).

La ciudad de Zaragoza es un área especialmente vulnerable, por su tamaño, con una población de riesgo muy elevada; por las condiciones climáticas regionales, con veranos muy cálidos, y por el importante proceso de artificialización, que propicia la formación de una ICU muy bien desarrollada y, en ocasiones, de gran intensidad. A todo ello se une su situación en el interior peninsular, donde los efectos del cambio climático serán muy acusados, tal y como indica la Agencia Europea de Medio Ambiente (2020), la cual estima que en los países del sur de Europa se producirá un aumento muy importante de las olas de calor y del estrés térmico estival. Los datos del observatorio meteorológico de Aemet en el aeropuerto confirman esta tendencia y dan una señal muy clara de calentamiento, a la que se suma, además, una mayor frecuencia e intensidad de eventos cálidos extremos, como se detalla a continuación.

## 8.1. Evolución y tendencia de la temperatura de Zaragoza

En las últimas décadas, la temperatura del aire de Zaragoza ha experimentado un claro incremento, paralelo al observado en la península ibérica y en el conjunto de Europa occidental. El valor promedio ha pasado de 14,9 ºC en el período 1901-1920 a 16,1 ºC en 2001-2020; es decir, la temperatura ha aumentado 1,2 ºC en algo más de un siglo. El ascenso es más importante en las temperaturas máximas que en las mínimas, y estacionalmente el incremento mayor se ha producido en las máximas estivales y otoñales. Esta evolución constituye un hecho general registrado en todo el país, siendo la capital aragonesa una de las ciudades donde el cambio ha sido más significativo, según indica el último informe del Observatorio de Sostenibilidad, con datos estimados del servicio Copernicus de la Unión Europea (OS, 2021).

El comportamiento secular de las temperaturas muestra que el siglo XIX termina con un cierto descenso térmico, que se mantiene en parte hasta bien entrado el siglo xx. En las décadas siguientes, y hasta los años cincuenta, los valores se recuperan: según el ajuste lineal realizado para el intervalo 1920-1950, esta tendencia es de +0,3 °C/década, destacando en ese período la anomalía de carácter cálido que se detecta en la década de los cuarenta. Tras ese episodio, la trayectoria positiva se invierte, culminando en la crisis fría de los años siguientes, que se configura como la más prolongada del período analizado, con una evolución negativa evaluada en −0,3 °C/década para el intervalo 1950-1975. Se asiste a partir de entonces a un nuevo cambio, mostrando la serie de las temperaturas medias anuales de nuevo una marcada orientación positiva, que se mantiene de manera acentuada en la actualidad, en la que el dato más significativo es la fuerte tendencia al incremento que se contempla entre 1991 y 2023, muy superior al medido en cualquier otro momento desde que se tienen datos instrumentales de la temperatura de la ciudad: 0,5 °C/década (figura 54).

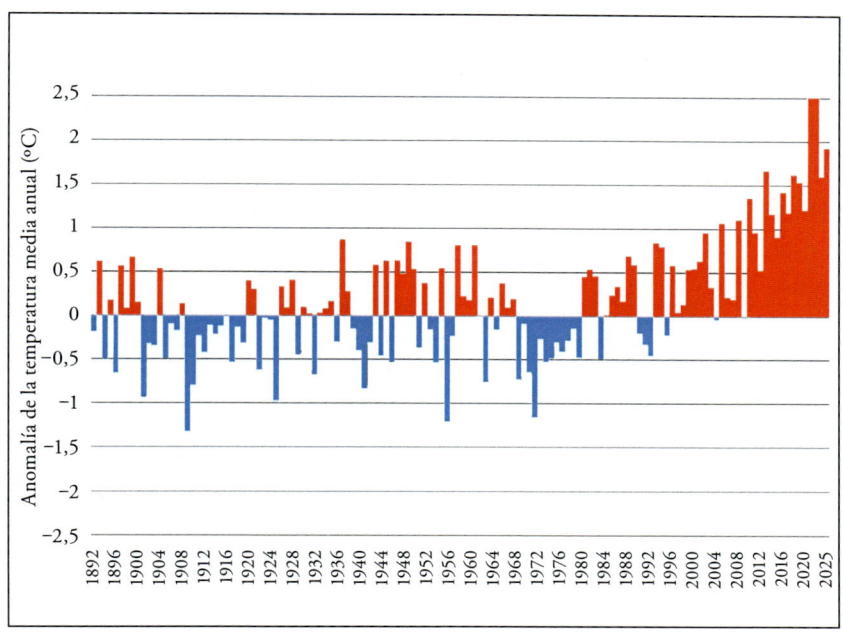

Figura 54. Evolución de la anomalía de la temperatura media anual de Zaragoza desde 1892. Periodo de referencia 1971-2000.

La información a escala estacional aporta nuevos matices al análisis de las temperaturas y permite comprobar variaciones con respecto al modelo anual y también observar las notables diferencias entre los dos momentos extremos del año: invierno y verano. Para ello, se ha calculado el valor de la anomalía de cada año respecto al valor medio del período de referencia 1971-2000, y se han representado en la figura 55. La evolución de la temperatura media de los meses estivales —junio, julio y agosto— es la más cercana al modelo anual descrito de tres fases: descenso térmico al concluir el siglo XIX; suave recuperación a continuación hasta mediados del siglo XX, momento en el que se inicia un descenso significativo, que alcanza su mayor expresión en el año 1977, y ascenso continuado posterior hasta el presente, con la sucesión de veranos muy cálidos, en los que destaca particularmente por su intensidad el del año 2003, y más recientemente el de 2022, el más caluroso desde que se tienen registros, batiendo récords tanto en días por encima de los 40 grados como en noches tropicales.

TABLA 6

*TENDENCIAS ANUAL Y ESTACIONAL DE LA TEMPERATURA DE ZARAGOZA EN DIFERENTES INTERVALOS DE TIEMPO, EXPRESADAS EN °C, DE AUMENTO PROMEDIO CADA AÑO*

|          | *Total* | *1900-1930* | *1931-1960* | *1961-1990* | *1991-2020* |
|----------|---------|-------------|-------------|-------------|-------------|
| Anual    | 0,007   | 0,014       | 0,006       | 0,014       | 0,050       |
| Invierno | 0,005   | 0,019       | 0,016       | 0,019       | 0,034       |
| Primavera| 0,007   | 0,004       | 0,022       | −0,009      | 0,034       |
| Verano   | 0,008   | 0,010       | −0,027      | 0,014       | 0,058       |
| Otoño    | 0,010   | 0,022       | 0,013       | 0,034       | 0,076       |

Particularmente llamativos son los ascensos en verano y otoño, con incrementos anuales de 0,058 y 0,076 respectivamente (tabla 6). Coinciden estos últimos treinta años con el duro invierno de 2005, en el que Zaragoza registró valores inferiores a 0 °C y los promedios de las temperaturas mínimas de enero y febrero se situaron en torno a 1 °C; por este motivo, la tendencia invernal fue negativa, suavizando la marcha general ascendente de la serie.

En la estación invernal —diciembre, enero y febrero—, el comportamiento global es más homogéneo y no se identifican variaciones fuertes en la evolución térmica, salvo condiciones más frías en la primera mitad de la serie y más próximas al dato promedio a partir de los años setenta. Probablemente todo ello es consecuencia del incremento de la variabilidad de las temperaturas, con la existencia de diferentes años con valores muy extremos, como son los inviernos de 1896, 1956, 1964 y 2005, que enmascaran la evolución general.

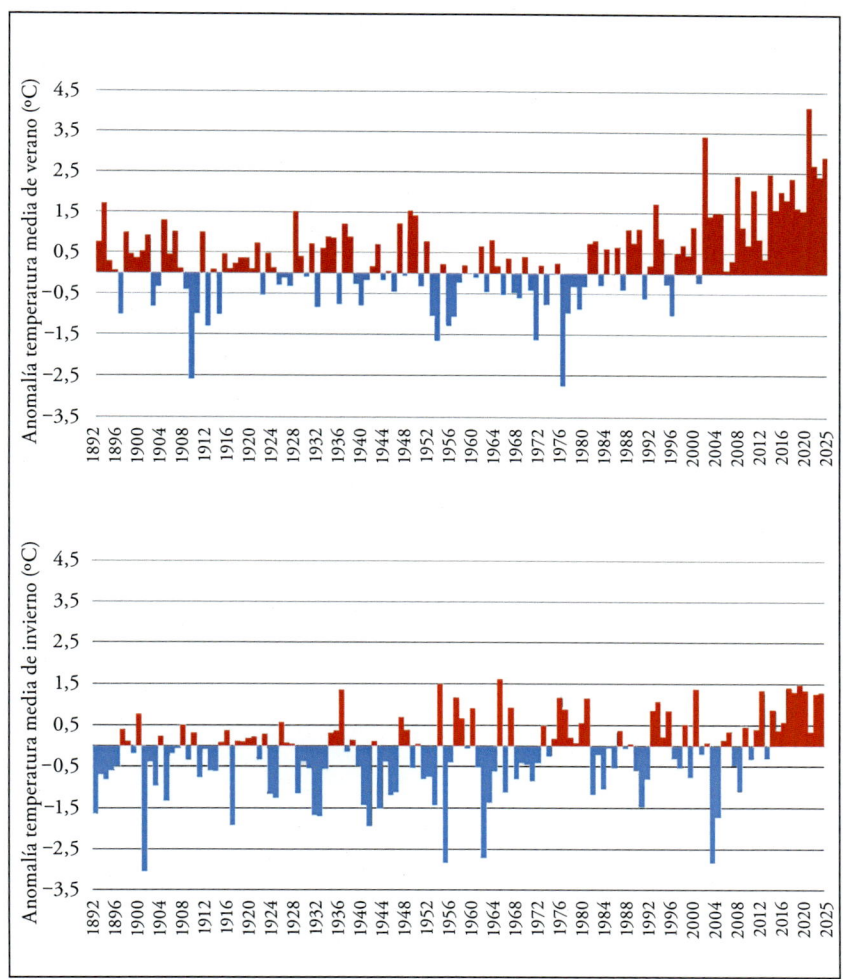

Figura 55. Evolución de la anomalía de la temperatura media de verano (figura superior) y de invierno (figura inferior) de Zaragoza desde 1892 (barras verticales). Período de referencia 1971-2000.

Las anomalías de la temperatura media son un buen resumen de la trayectoria térmica de la capital aragonesa, al plasmar las distintas etapas registradas desde 1900 y poner en evidencia el momento cálido actual, pero ocultan en parte el diferente comportamiento que han seguido las temperaturas máximas y las mínimas, como se muestra en una sencilla aproximación a su examen en la figura 56. Las temperaturas máximas son las que mayor cambio han experimentado, con anomalías cercanas a los 2 ºC por debajo de la media del período 1971-2010 en los primeros decenios del siglo XX, hasta alcanzar los 2 ºC positivos en el siglo XXI. La recta que dibuja la tendencia de toda la serie muestra este cambio. La misma pauta siguen las temperaturas mínimas, pero las anomalías son mucho más suaves. Aunque el siglo XX empieza con valores muy fríos y la diferencia de las mínimas respecto al período de referencia se acercan a los 3 ºC, a partir de ese momento, las anomalías cambian paulatinamente desde valores negativos a positivos.

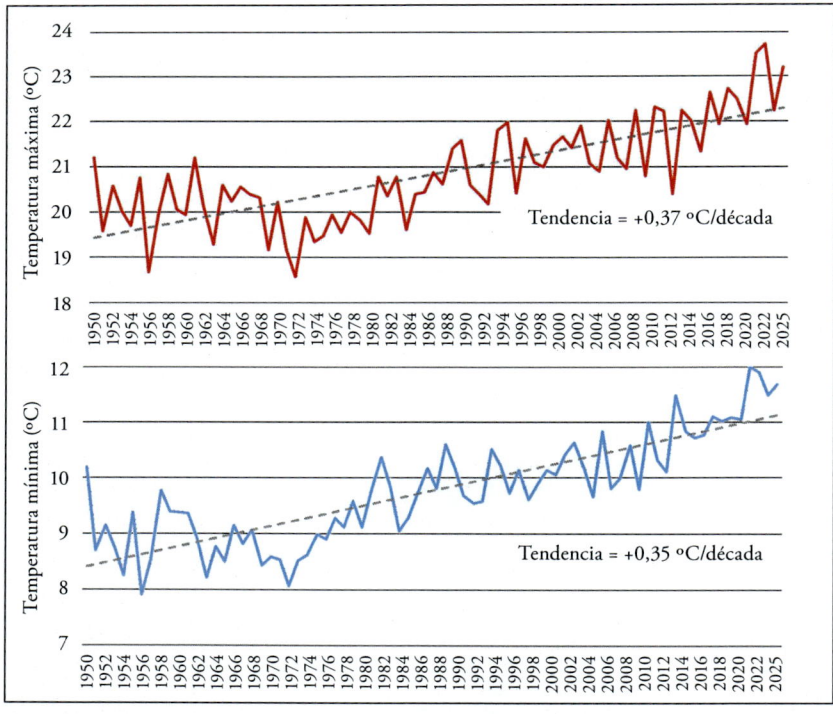

Figura 56. Evolución y tendencia de las temperaturas máximas (en rojo) y de las temperaturas mínimas (en azul) medias de Zaragoza en el periodo 1950-2025.

En ambos casos, se muestra el progresivo ascenso de los valores térmicos, pero con las diferencias antes apuntadas: el ritmo de aumento de las temperaturas es significativamente mayor en las máximas comparado con las mínimas, +0,37 °C por década frente a +0,35 °C, respectivamente. Los cálculos se han hecho a partir del año 1950, para simplificar el estudio. Inicialmente, hay pocas variaciones en la evolución de ambos valores, al coincidir con la etapa fría y la menor variabilidad de los años sesenta, pero, a partir de los años noventa, el incremento de las temperaturas máximas se ha acelerado y es muy superior al seguido por las temperaturas mínimas.

Esta tendencia guarda plena simetría con la trayectoria mantenida por las temperaturas en otras ciudades españolas. Así lo concluye un reciente estudio de la Universidad Politécnica de Cataluña, en el que se señala una subida de 3,54 °C en las temperaturas máximas y 2,73 °C en las mínimas en las principales ciudades de España, durante el período 1971-2022. También se indica el acusado incremento de las noches tropicales y de las olas de calor en esta última década (Arellano *et al.*, 2023), y el mismo patrón de comportamiento, de ascenso significativamente más rápido de las máximas frente a las temperaturas mínimas, se repite en el conjunto de Europa, como subraya el último informe de la European Environment Agency referido a las principales ciudades europeas (EEA, 2024).

En todos los casos, además, se aprecia un hecho destacable: los tres últimos decenios son sistemáticamente más cálidos que todos los precedentes desde mitad del siglo pasado. En Zaragoza, si ordenamos de mayor a menor las temperaturas anuales de toda la serie, comprobamos que los valores más elevados se concentran sobre todo en esta última década: la cifra más alta se alcanzó el año 2022, con 17,8 °C, y todos los años siguientes corresponden también al siglo xxi, lo cual pone en evidencia el calentamiento que registra la ciudad y que la tendencia al alza es pronunciada y rápida (tabla 7).

TABLA 7
*LOS DOCE AÑOS MÁS CÁLIDOS DE LA SERIE TÉRMICA DE ZARAGOZA, 1892-2025*

| Año | Temperatura media |
|-----|-------------------|
| 2022 | 17,84 |
| 2023 | 17,79 |
| 2025 | 17,10 |
| 2014 | 16,93 |

| Año  | Temperatura media |
|------|-------------------|
| 2019 | 16,88 |
| 2024 | 16,86 |
| 2020 | 16,80 |
| 2017 | 16,68 |
| 2011 | 16,61 |
| 2021 | 16,48 |
| 2018 | 16,45 |
| 2015 | 16,43 |

El fenómeno es común al observado en el planeta, según los trabajos del Panel Intergubernamental para el Cambio Climático (IPCC). En su sexto informe, de 2023, señala que cada uno de los tres últimos decenios ha sido sucesivamente más cálido en la superficie de la Tierra que cualquier decenio anterior desde 1850. Tanto el ritmo de ascenso como la relación de años más cálidos guardan notable coincidencia con lo observado en Zaragoza.

## 8.2. Extremos de temperatura

Para completar el análisis, se examinan los valores extremos de temperatura, porque permiten una aproximación mayor al conocimiento de la evolución térmica, seguida por la ciudad, y por la acción directa que tienen sobre el medio ambiente y el confort de la población. Se han considerado para ello las temperaturas del mes más frío (enero) y los días de helada que se producen a lo largo del año, con independencia del mes en el que se han registrado. En el lado opuesto, se han tenido en cuenta las temperaturas de julio, por ser el mes más cálido del año. Y, finalmente, se hace una valoración de las noches tropicales y noches tórridas o ecuatoriales, por ser las que mayor alteración provocan en el ritmo térmico normal y las que ocasionan evidentes efectos negativos, tales como contaminación, mayor consumo de energía o desarrollo de patologías específicas.

La evolución de la temperatura mínima del mes más frío es un claro reflejo de la tendencia global al calentamiento que se observa en España.

El promedio de incremento de la temperatura de enero de toda la serie analizada es de 0,16 °C por década, con dos períodos temporales diferentes: una primera etapa de muy ligero ascenso y fuerte variación anual y un punto de inflexión a partir de los años ochenta, tras el cual se aprecia con claridad un incremento notable de las temperaturas (figura 57).

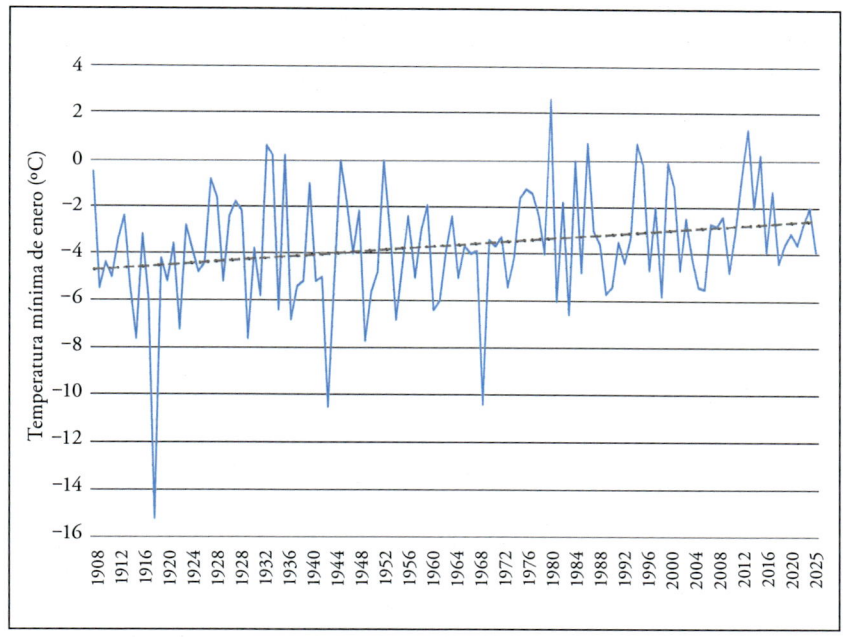

Figura 57. Temperatura mínima del mes más frío (enero) y su tendencia en el periodo 1908–2025.

Consecuencia lógica de la tendencia ascendente contemplada en los datos de las temperaturas mínimas es el continuo descenso de los días de helada (figura 58). No es Zaragoza una ciudad que padezca heladas frecuentes, pero lo cierto es que cada vez el frío es menos acusado, y las jornadas con temperaturas inferiores a 0 °C se han reducido a la mitad, si comparamos las cifras del periodo 1931-1960 con las actuales: de 26 días se ha pasado a tan solo 13 en el período 1991-2020 (tabla 8).

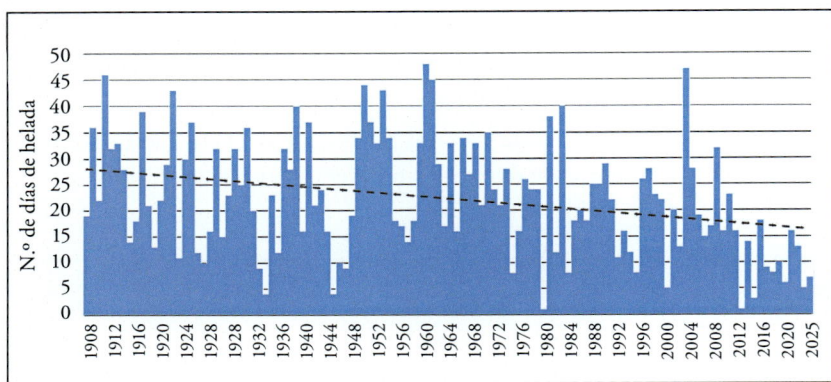

Figura 58. Número de días de helada en Zaragoza y su tendencia en el periodo 1908–2025. (Número anual de días en los que la temperatura mínima del aire en Zaragoza es igual o inferior a 0 °C).

Es cierto también que en etapas recientes varias oleadas de aire frío han hecho descender la temperatura por debajo de los 0 °C y han provocado fuertes heladas, como ocurrió en diciembre de 2001 (en ese mes, se registró una temperatura mínima de −9,5 °C) y noviembre de 2013 (mínima alcanzada de −5,0 °C), pero su frecuencia ha disminuido y su intensidad queda lejos de los rigurosos inviernos que sufrió Zaragoza los años 1901, 1946 o 1963 (el récord de temperatura más baja es de −13,4 °C, registrado en el aeropuerto el 5 de febrero de 1963). Responden estos momentos de frío intenso a invasiones de aire polar asociadas a los grandes anticiclones gélidos y secos del norte de Europa y a la presencia de bajas presiones en el Mediterráneo occidental que voltean masas de aire heladas, de naturaleza y propiedades distintas, según la posición relativa de estos anticiclones. Estudios recientes señalan el desplazamiento de la circulación templada hacia latitudes más altas y el progresivo dominio del cinturón anticiclónico, lo que explicaría un cierto cambio en el modelo de circulación general y el descenso en las advecciones polares responsables de estas bajas temperaturas (Hu Yang, 2023).

TABLA 8
*NÚMERO DE DÍAS DE HELADA EN ZARAGOZA. NÚMERO ANUAL DE DÍAS EN LOS QUE LA TEMPERATURA MÍNIMA ESTÁ POR DEBAJO DE 0 °C*

| *Período* | *1901-1930* | *1931-1960* | *1961-1990* | *1991-2020* |
|---|---|---|---|---|
| Anual (dic., ene., feb.) | 30 | 26 | 19 | 13 |

La situación es bien distinta en el caso de las temperaturas máximas, tanto por su frecuencia como, en ocasiones, por su persistencia. Los valores de las temperaturas máximas del mes más cálido (julio) tienen una clara tendencia al alza, más acentuada en los últimos años y con un aumento significativo de la variabilidad (figura 59). Las mínimas de julio con dificultad descienden por debajo de los 10 °C, sobre todo en los años recientes, pero las máximas superan cada vez con más frecuencia los 35 °C, y no son extraños valores superiores durante los episodios de olas de calor. El análisis de la serie temporal analizada de más de cien años indica que el promedio del incremento de la temperatura máxima de julio es de 0,18 °C por década, esto es, un valor superior al ascenso que han experimentado las temperaturas mínimas.

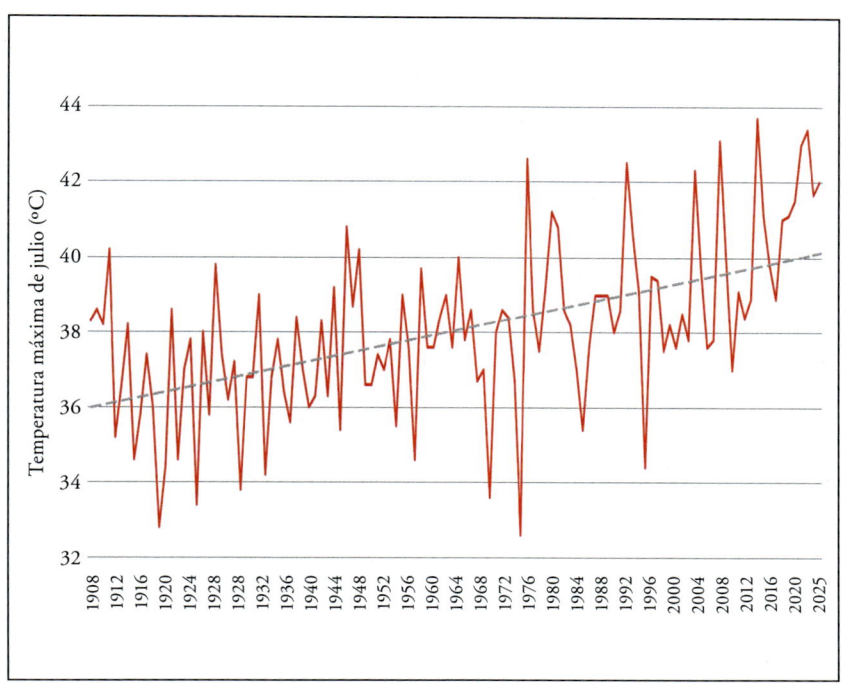

Figura 59. Evolución de la temperatura máxima del mes más cálido (julio) y su tendencia en el periodo 1908-2025.

## 8.3. Noches tropicales y noches tórridas

La expresión noche tropical se utiliza para describir aquellas noches en las que la temperatura no desciende de los 20 ºC. Estas situaciones de calor extremo responden a un repentino e intenso incremento de las temperaturas provocado por la invasión de una masa de aire cálido que afecta a superficies más o menos extensas de la península ibérica durante varios días. En Zaragoza tienen su origen en la llegada de aire tropical, cálido y seco, procedente del desierto del Sáhara, razón por la cual es frecuente la expresión «invasión sahariana» para aludir a las jornadas de calor agobiante que puede afectar a amplias zonas de España. Por lo general, su duración es breve, puesto que no suelen exceder los tres-cinco días, pero afecta a un territorio amplio y se acompaña de un descenso brusco de la humedad relativa, que provoca fuerte sequedad en el ambiente.

Advecciones intensas de aire norteafricano pueden presentarse en cualquier momento del año, pero los meses de mayor riesgo son julio y agosto. Tampoco son desconocidas en junio y septiembre; sin embargo, en ambos casos sus efectos no son los mismos, pues la superficie del Sáhara y la masa de aire en contacto con ella están menos calientes y las temperaturas sufren un ascenso menor. Cuando aparecen en pleno verano, las temperaturas máximas diarias sobrepasan generalmente los 35 °C y alcanzan registros mucho más altos; al mismo tiempo, las temperaturas mínimas nocturnas descienden con dificultad por debajo de 20° C (el considerado «umbral del sueño»), lo que contribuye a incrementar el ambiente sofocante. Durante estas jornadas, desde media mañana, el calor es fuerte; a partir de mediodía, bochornoso; por la noche, tarda en refrescar, y solo en la madrugada las temperaturas son algo más agradables.

Siguiendo el patrón general de calentamiento térmico, también la frecuencia de las noches tropicales ha experimentado un claro incremento en las últimas décadas, en especial en los años más recientes, y una buena prueba es la representación de los datos en la figura 60 y la información de la tabla 9. Al contabilizar el número de días en los que la temperatura mínima está por encima de los 20 ºC, el salto es extraordinario: en el período 1961-1990, el número de noches tropicales fue de 197; en cambio, entre 1991 y 2020 más de 663 noches superaron este umbral.

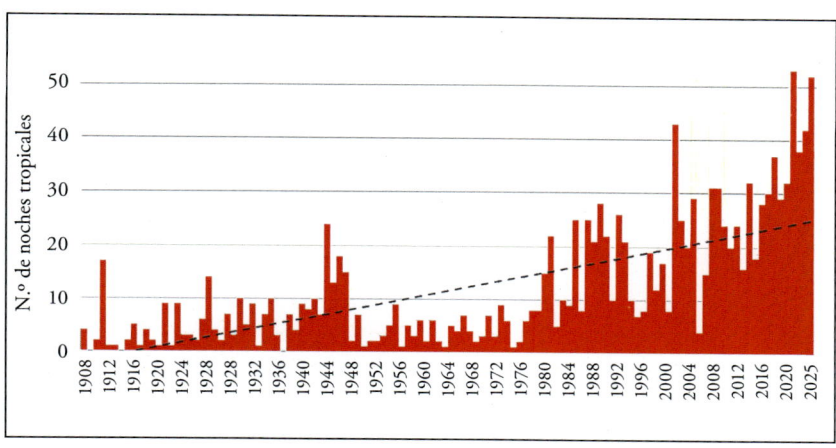

Figura 60. Número de noches tropicales en Zaragoza y su tendencia en el periodo 1908–2025. (Número anual de días en los que la temperatura mínima es igual o superior a 20 °C).

TABLA 9
NÚMERO DE NOCHES TROPICALES
(DÍAS EN LOS QUE LA TEMPERATURA MÍNIMA ESTÁ POR ENCIMA DE 20 °C)

| Período | 1901-1930 | 1931-1960 | 1961-1990 | 1991-2020 |
|---|---|---|---|---|
| Anual (jun., jul., ago.) | 176 | 192 | 197 | 663 |

Posiblemente responda este aumento a la misma explicación dada para justificar el descenso de las olas de frío. En este caso, el reforzamiento del dominio anticiclónico sería el responsable de las invasiones saharianas y el incremento de las olas de calor, unido al descenso de la humedad del aire. Cuando dominan estas situaciones de entrada de aire tropical continental, el calor se deja sentir con fuerza en el interior peninsular, pero en particular en el valle del Ebro, donde Zaragoza en diferentes ocasiones ha sobrepasado los 40 °C, hasta llegar a alcanzar los 44,5 °C la tarde del 7 de julio de 2015, récord histórico de temperatura registrado en la ciudad. Coincidió la efeméride con una prolongada ola de calor y temperaturas por encima de lo normal durante todo el mes de julio. La prensa lo reflejaba del siguiente modo: «Ese día, dominaba en la ciudad el viento del suroeste, llamado viento fagüeño, también conocido como regañón o castellano. En un breve intervalo de tiempo la temperatura subió casi cuatro grados, con una humedad de solo el 2 por ciento. Zaragoza parecía el desierto». En función de su intensidad y permanencia, los efectos de estos extremos de calor pueden ser catastróficos para el bienestar de la población. Por fortuna, valores superiores a los 40 °C son excepcionales, aunque cada vez más frecuentes: desde 1950 hasta comienzos del siglo XXI, solo en veintidós años se había alcanzado esta temperatura y en la mayoría de los casos fue en una única ocasión, pero en 2012 se contabilizaron seis jornadas por encima de los 40 grados y llegaron a siete días en 2019 y 2022.

También es evidente el aumento del número de los denominados días de verano, indicador climático que se emplea para describir el número de días en un año con temperatura máxima superior a 25 °C. Tal como apuntan los registros térmicos, los días considerados de verano han pasado de 98 a comienzos del siglo XX a 130 días en el momento actual, lo cual supone que en este período de tiempo la duración del verano se ha incrementado en más de un mes (figura 61).

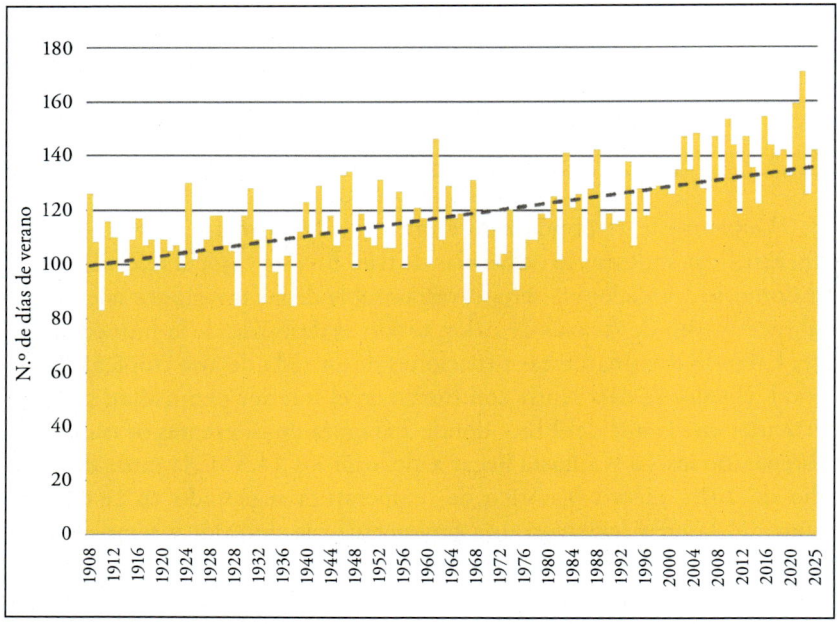

Figura 61. Número de días de verano en Zaragoza y su tendencia en el periodo 1908–2025. (Número de días en un año con temperatura máxima superior a 25 °C).

Lo remarcable igualmente ahora, con el calentamiento global y el plus térmico nocturno del fenómeno isla de calor, es la presencia de noches *tórridas* o *ecuatoriales,* es decir, aquellas noches en las que la temperatura no desciende de los 25 ºC. En Zaragoza, hasta el día 23 de agosto de 2023 ninguna noche había registrado valores mínimos por encima de los 25 grados, pero la cifra fue superada la madrugada del 30 de julio de 2024 cuando el termómetro no bajó de los 28,1 ºC. Este exceso de calor se convierte en un efectivo riesgo climático por sus efectos negativos en la salud pública y el confort térmico, cuestiones que probablemente se agravarán en las próximas décadas.

## 8.4. Escenarios de cambio climático

La temperatura del aire en Zaragoza ha experimentado un notable aumento a lo largo del siglo xx y se espera que el incremento continúe durante el siglo xxi en valores que dependerán de las futuras emisiones de gases de efecto invernadero. Las proyecciones climáticas para este siglo realizadas por la Aemet pronostican, en un escenario moderado (el denominado RCP 4.5), un aumento de la temperatura máxima de alrededor de 0,91 ºC para mediados de siglo respecto a la temperatura promedio de 1971-2000, y predicen un ascenso de 1,63 ºC en el caso de un escenario con elevados niveles de efecto invernadero (escenario RCP 8.5). Se predice, además, que el incremento será mayor en las temperaturas máximas que en las mínimas, tal como ha sido el comportamiento térmico registrado en los últimos años. Esta tendencia al calentamiento se mantiene en las proyecciones a final de siglo, donde se estima que se superarán ampliamente los 4 ºC de aumento en el escenario más pesimista (figura 62).

Por supuesto, este calentamiento provocará veranos cada vez más calurosos y prolongados. En el peor escenario, el número de noches tropicales o cálidas se espera que aumenten cerca de un 18 % en el período 2020-2030 y un 25 % en 2030-2050 respecto al período 1971-2000 (tabla 10). También se prevé crecimiento en el caso de los *días cálidos,* entendidos como días con temperatura máxima superior al percentil 90 del período de referencia. Y el mismo escenario pronostica incrementos de entre el 30 y el 50 % de las *olas de calor,* las cuales, además de ser más frecuentes e intensas, ocurrirán cada vez más temprano, a veces desde mayo y hasta octubre.

Con estas proyecciones climáticas, la ciudad registrará temperaturas extremas muchos días del año y se enfrentará con más frecuencia a situaciones de estrés térmico, con efectos negativos en la salud de la población y la calidad de vida. En consecuencia, modelar el futuro urbano no es solo un ejercicio hipotético: es un escenario que debe centrarse en implementar sistemas de alerta temprana, reducir la exposición, gestionar los espacios verdes y promover medidas de adaptación.

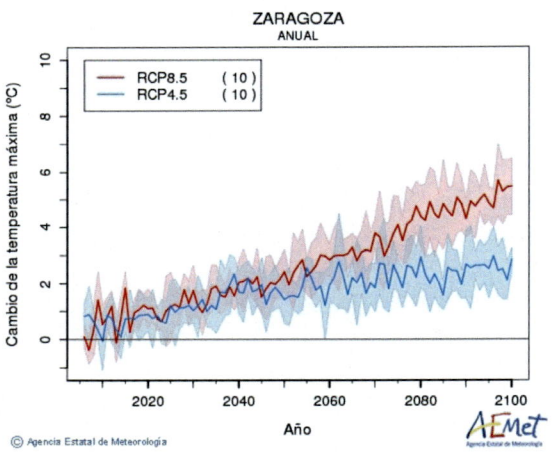

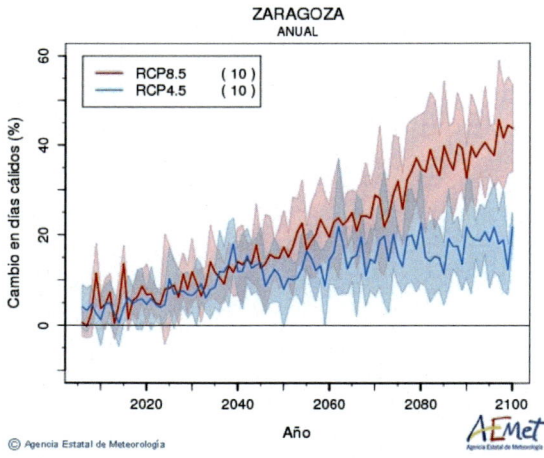

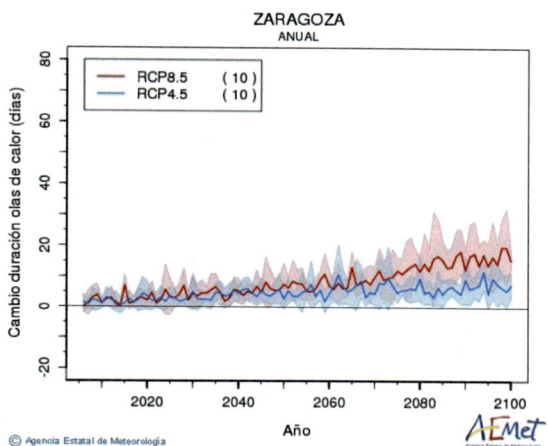

Figura 62. Proyecciones climáticas. Regionalización AR5-IPCC. Gráficos de evolución. Regionalización dinámica. Zaragoza. Fuente: Aemet.

TABLA 10
*VARIACIÓN DE LOS INDICADORES CLIMÁTICOS*
*PARA EL MUNICIPIO DE ZARAGOZA. ESCENARIO RCP 8.5.*

| Variable climática | Valores medios | | Anomalía respecto 1971-2000 | |
|---|---|---|---|---|
| | 1971-2005 | 2005-2019 | 2020-2030 | 2030-2050 |
| Temperatura mínima (ºC) | 9,13 | 9,77 | 1,01 | 1,49 |
| Temperatura máxima (ºC) | 20,39 | 21,07 | 1,12 | 1,63 |
| N.º de noches cálidas | 37,02 | 48,68 | 17,74 | 25,14 |
| N.º de días cálidos | 36,76 | 44,93 | 13,89 | 18,77 |
| Duración máxima de olas de calor | 10,81 | 13,75 | 3,71 | 5,74 |

Fuente: Aemet.

# 9.
## NOTAS FINALES

La actual ciudad de Zaragoza es muy distinta a la de hace tan solo veinticinco años, cuando se iniciaron los estudios sistemáticos de clima urbano. A finales del siglo XX apenas superaba los 600 000 habitantes; ahora viven en la capital más de 694 000, según el Padrón Municipal de 2024. Al mismo tiempo, ha crecido la superficie urbanizada y ha experimentado un fuerte cambio su modo de ocupar el espacio: de la edificación compacta estamos pasando a sistemas urbanos más abiertos y discontinuos, enlazados con complejos sistemas de infraestructuras y equipamientos que se justifican por la necesidad de aumentar la movilidad de la gente que trabaja y vive en lugares distintos. Todo ello afecta directamente al medio ambiente urbano y de modo particular contribuye a modificar el clima de la ciudad.

La modificación más clara es el fenómeno de la isla de calor. Estos tres o cuatro grados de más en el centro de la ciudad constituyen un riesgo climático de claros efectos negativos en la salud de la población, en el consumo de recursos y en el conjunto del ecosistema urbano. Sin embargo, al ser un fenómeno de distribución irregular y heterogénea tanto en el espacio como en el tiempo, es complejo definir exactamente cuál es la magnitud de estos impactos, y en algunos casos incluso establecer una correspondencia directa con el fenómeno. Pero la evidencia de las interrelaciones entre el espacio construido y el clima justifican la necesidad de integrar su conocimiento en la práctica y en las estrategias de desarrollo de la ciudad.

Desde esta perspectiva, el estudio del clima urbano, apoyado en una amplia base de datos meteorológicos, modelización a escala de ciudad y seguimiento del fenómeno isla de calor, permite saber de qué modo la presencia de una ciudad como Zaragoza modifica las condiciones climáticas naturales de su entorno, qué estructuras y morfologías urbanas contribuyen de manera más acusada a estos cambios y cuáles son los impactos sobre el grado de confort y bienestar de sus habitantes. Estas cuestiones han sido objeto de estudio en las diferentes investigaciones realizadas hasta el momento, pero la trascendencia social y económica que tiene este fenómeno urbano y su incidencia sobre la calidad de vida hacen necesario un seguimiento continuo del mismo y ampliar su conocimiento, máxime teniendo en cuenta que sus efectos pueden incrementarse en el contexto del creciente calentamiento que define el actual cambio climático.

# BIBLIOGRAFÍA

Alcoforado, M. J. y A. Matzarakis (2010): «Planning with urban climate in different climatic zones», *Geographicalia* 57, 5-39, <http://doi.org/10.26754/ojs_geoph/geoph. 201057808>.

Alcoforado, M. J., A. Lopes, E. Lima y P. Canário (2014): «Lisboa Heat Island. Statistical study (2004-2014)», *Finisterra*, XLIX, 98, 61-80, <https://doi.org/10.18055/Finis6456>.

Alonso, M. S., M. R. Fidalgo y J. L. Labajo (2007): «The urban heat island in Salamanca (Spain) and its relationship to meteorological parameters», *Climate Research* 34, 39-46, <https://doi.org/10.3354/cr034039>.

Álvarez de Colmenar, J. (1707): *Les delices de l'Espagne et du Portugal: oú on voit une description exacte des antiquitez, des provinces, des montagnes, des villes, des rivieres, des ports de mer, des fortresses, eglises, academies, palais, bains, etc. A Leide: chez Pierre van der Aa, 1707*, 4 vols.

Anónimo (1854): *Topografía médica de la ciudad de Zaragoza*, 128 pp.

Arellano, B., J. Roca y X. Zhang (2023): *Global Warming in Spanish Cities (1971-2022)*, EGU. General Assembly, Viena.

Ascaso, A. (1969): «Contaminación y contaminadores atmosféricos. El problema en Zaragoza», *Las Ciencias* 1, 22-34.

Ayuntamiento de Zaragoza (2009): *Atlas de la ciudad de Zaragoza*, Zaragoza, Ayuntamiento de Zaragoza y Zaragoza Global.

Barrao, S. (2024): *Clima urbano de Zaragoza. Estudio espaciotemporal a través de una red de sensores*, tesis doctoral, inédita, Zaragoza, 288 pp.

Barrao, S., J. M. Cuadrat, M. Á. Saz, R. Serrano-Notivoli y E. Tejedor (2020): «Olas de calor y olas de frío en la ciudad de Zaragoza (España) y sus efectos sobre las enfermedades cardiorrespiratorias, 2011-2015», en *Crisis y espacios de oportunidad. Retos para la geografía*, Asociación Española de Geografía, Valencia, pp. 343-358.

Barrao, S., R. Serrano-Notivoli, M. Á Saz y J. M. Cuadrat (2022*a*): «Análisis comparado de la temperatura de superficie y temperatura del aire de la Isla de Calor Urbano de Zaragoza», en J. L. García Rodríguez (ed.), *Geografía, cambio global y sostenibilidad. Actas del XXVII Congreso de la Asociación Española de Geografía,* La Laguna, pp. 399-416.

Barrao, S., R. Serrano-Notivoli, J. M. Cuadrat y M. Á. Saz (2022*b*): «Modelo de interpolación para el análisis espacial de la temperatura urbana», en J. de la Riva, M. T. Lamelas, R. Montorio, F. Pérez-Cabello y M. Rodrigues (eds.), *Actas del XIX Congreso de Tecnologías de la Información Geográfica. TIG al servicio de los ODS,* Zaragoza, Universidad de Zaragoza-AGE.

Barrao, S., R. Serrano-Notivoli, J. M. Cuadrat, E. Tejedor y M. Á. Saz (2022*c*), «Characterization of the UHI in Zaragoza (Spain) using a quality-controlled hourly sensor-based urban climate network», *Urban Climate,* 44, 101207, <https://doi.org/10.1016/j.uclim.2022.101207>.

Basnett, T. A. y D. E. Parker (1997): *Development of the Global Mean Sea Level Pressure Data Set GMSLP2. Climate Research Technical Note 79,* Hadley Centre, Meteorological Office.

Bassett, R., X. Cai, L. Chapman, C. Heaviside, J. E. Thornes, C. L. Muller, D. T. Young y E. L. Warren (2016): «Observations of urban heat island advection from a high-density monitoring network», *Quarterly Journal of the Royal Meteorological Society* 142, 2434-2441, <https://doi.org/10.1002/qj.2836>.

Brunet India, M. (1991): *Los efectos de la urbanización en el clima local. Un ensayo de climatología urbana: el caso de Tarragona,* Universidad de Barcelona.

Calvo Palacios, J. L. (1976): «Aportación metodológica al estudio geográfico del microclima urbano», *Boletín de la Real Sociedad Geográfica* 42: 95-110.

Calvo Palacios, J. L. (1984): «Zaragoza», en A. Higueras (dir.), *Geografía de Aragón,* t. 6, Guara Editorial, pp 151-255.

Camilloni, I. y M. Barrucand (2012): «Temporal variability of the Buenos Aires, Argentina, urban heat island», *Theoretical and Applied Climatology* 107: 47-58, <https://doi.org/10.1007/s00704-011-0459-z>.

Caselles, V., M. López García, J. Meliá y A. Pérez Cueva (1989): «El efecto de la isla térmica de la ciudad de Valencia, obtenida a partir de transectos e imágenes NOAA-AVH-RR», III Reunión Científica del Grupo de Trabajo en Teledetección, Madrid, AET, pp. 259-269.

Cuadrat, J. M. (1989): «Oscilaciones climáticas recientes en Zaragoza (1865-1984)», *Geographicalia,* 26: 53-61.

Cuadrat, J. M. (1999): *El clima de Aragón,* Zaragoza, Institución Fernando El Católico.

Cuadrat, J. M. (2004): «Patrones temporales de la isla de calor urbana de Zaragoza», en M. C. Faus (coord.), *Aportaciones geográficas en homenaje al profesor Higueras,* Zaragoza, Universidad de Zaragoza, pp. 63-70.

Cuadrat, J. M., M. Á. Saz y S. Vicente-Serrano (2003): «Surface wind direction influence on spatial patterns of urban heat island in Zaragoza (Spain)», *Geophysical Research Abstracts* (European Geophysical Society), 5, 02592.

Cuadrat, J. M., M. Á. Saz y S. Vicente-Serrano (2004): *Clima urbano y calidad ambiental de la ciudad de Zaragoza,* Ayuntamiento de Zaragoza. Agenda 21, monografía n.º 10, 24 pp.

Cuadrat, J. M., S. Vicente-Serrano y M. Á. Saz (2005): «Los efectos de la urbanización en el clima de Zaragoza (España): la isla de calor y sus factores condicionantes», *Boletín de la AGE* 40: 311-327, <https://bage.age-geografia.es/ojs/index.php/bage/article/view/2019>.

Cuadrat, J. M., S. Vicente-Serrano y M. Á. Saz (2015): «Influence of different factors on relative air humidity in Zaragoza, Spain», *Frontiers in Earth Science* 3 (10), <https://doi.org/10.3389/feart.2015.00010>.

Cuadrat, J. M., J. de la Riva, F. López y A. Martí (1993): «Ciudad y medio ambiente: la isla de calor de Teruel», *Geographicalia* 30: 113-123.

Cuadrat, J. M., J. de la Riva, F. López y A. Martí (1993): «El medio ambiente urbano en Zaragoza. Observaciones sobre la isla de calor», *Anales Universidad Complutense* 13, 127-138, <https://revistas.ucm.es/index.php/AGUC/article/view/AGUC9393110127A>.

Cuadrat, J. M., R. Serrano-Notivoli, S. Barrao, M. Á. Saz y E. Tejedor (2022): «Variabilidad temporal de la isla de calor urbana en la ciudad de Zaragoza (España)», *Cuadernos de Investigación Geográfica* 48, 97-110, <http://doi.org/10.18172/cig.5022>.

De la Riva, J., J. M. Cuadrat, F. López y A. Martí (1997): «Aplicación de las imágenes Landsat TM al estudio de la isla de calor térmica de Zaragoza», *Geographicalia* 35, 24-36, <https://doi.org/10.26754/ojs_geoph/geoph.1997351701>.

Domínguez Bascón, P. (1999): *Clima, medio ambiente y urbanismo en Córdoba,* Diputación de Córdoba.

Ebrópolis (2021): *Informe de indicadores 2020,* Observatorio Urbano de Ebrópolis/Ayuntamiento de Zaragoza, 276 pp.

EEA (2024): *Urban Adaptation in Europe: How Cities and Towns Respond to Climate Change,* EEA Report No 122024.

Environmental Protection Agency (EPA) (2008): «Reducing Urban Heat Islands. Compendium of Strategies», <https://www.epa.gov/heat-islands/heat-island-compendium>.

Escolano, S., C. López-Escolano y A. Pueyo (2018): «Urbanismo neoliberal y fragmentación urbana: el caso de Zaragoza (España) en los primeros quince años del siglo xx», *EURE. Revista Latinoamericana de Estudios Urbanos Regionales,* 44 (132): 183-210, <https://doi.org/10.4067/s0250-71612018000200185>.

Fenner, D., F. Meier, D. Scherer y A. Polze (2014): «Spatial and temporal air temperature variability in Berlin, Germany, during the years 2001-2010», *Urban Climate,* 10: 308-331, <https://doi.org/10.1016/j.uclim.2014.02.004>.

Fernández García, F., E. Galán Gallego y R. Cañada Torrecilla (coords.) (1998), *Clima y ambiente urbano en ciudades ibéricas e iberoamericanas,* Madrid, Parteluz, 606 pp.

Fortuniak, K., K. Kłysik y J. Wibig (2006): «Urban-rural contrasts of meteorological parameters in Łódź», *Theoretical and Applied Climatology,* 84, 91-101, <https://doi.org/10.1007/s00704-005-0147-y>.

Hair, J. F., R. E. Anderson, R. L. Tatham y W. C. Black (2000), *Análisis multivariante,* Madrid, Prentice Hall, 799 pp.

Hamdi, R., O. Giot, R. De Troch, A. Deckmyn y P. Termonia (2015): «Future climate of Brussels and Paris for the 2050s under the A1B scenario», *Urban Climate,* 12: 160-182, <https://doi.org/10.1016/j.uclim.2015.03.003>.

Hogan, A. W. y M. G. Ferrick (1988): «Observations in nonurban heat islands», *Journal of Applied Meteorology* 37: 232-236, <https://doi.org/10.1175/1520-0450(1998)037<0232:OINHI>2.0.CO;2>.

Honjo, T., H. Yamato, T. Mikami y C. S. B. Grimmond (2015): «Network optimization for enhanced resilience of urban heat island measurements», *Sustainable Cities and Society* 19: 319-330, <https://doi.org/10.1016/j.scs.2015.02.004>.

Howard, L. (1818): *The Climate of London,* Londres, Longman, 221 pp.

Hu Yang (2023): *Evaluating the Mechanism of Tropical Expansion Using Idealized Numerical Experiments, Ocean-Land-Atmosphere Research. 2023,* <https://doi.org/10.34133/olar.0004>.

Iungman, T, M. Cirach, F. Marando, E. Pereira-Barboza, S. Khomenko, P. Masselot, M. Quijal-Zamorano, N. Mueller, A. Gasparrini, J. Urquiza, M. Heri, M. Thondoo y M. Nieuwenhuijsen (2023): «Cooling cities through urban green infrastructure: a health impact assessment of European cities», *The Lancet,* 401: 577-589, <https://doi.org/10.1016/S0140-6736(22)02585-5>.

Jauregui, E. (1997): «Heat island development in Mexico City», *Atmospheric Environment* 31, 3821-3831, <https://doi.org/10.1016/S1352-2310(97)00136-2>.

Jenkinson, A. F. y F. P. Collison (1977): *An Initial Climatology of Gales over the North Sea. Synoptic Climatology Branch Memorandum,* No. 62, Bracknell, Meteorological Office.

Kaiser, H. E. (1958): «The varimax criterion for analytic rotation in factor analysis», *Psikometrica,* 23: 187-200.

Kim, Y. H. y J. J. Baik (2002): «Maximum urban heat island intensity in Seoul», *Journal of Applied Meteorology* 41, 651-659, <https://doi.org/10.1175/1520-0450>.

Landsberg, H. E. (1981): *The Urban Climate,* Academic Press, Nueva York, 275 pp.

Lemonsu, A., V. Viguié, M. Daniel y V. Masson (2015): «Vulnerability to heat waves: impact of urban expansion scenarios on urban heat island and heat stress in Paris (France)», *Urban Climate,* 14 (4): 586-605, <https://doi.org/10.1016/j.uclim.201510.007>.

Lemus-Canovas, M., J. A. Lopez-Bustins, J. Martin-Vide y D. Royé (2019): «SynoptReg: an R package for computing a synoptic climate classification and a spatial regionalization of environmental data», *Environmental Modelling & Software* 118: 114-119, <https://doi.org/10.1016/j.envsoft.2019.04.006>.

Lokoshchenko, M. A. (2017): «Urban heat island and urban dry island in Moscow and their centennial changes», *Journal of Applied Meteorology and Climatology,* <https://doi.org/10.1175/JAMC-D-16-0383.1>.

Lopes, A., E. Alves, M. J. Alcoforado y R. Machete (2013): «Lisbon Urban Heat Island Updated: New Highlights about the Relationships between Thermal Patterns and

Wind Regimes», *Advances in Meteorology,* 15, 1-15, <https://doi.org/10.1155/2013/487695>.

López Gómez, A. y F. Fernández García (1984): «La isla de calor en Madrid: avance de un estudio de clima urbano», *Revista de Estudios Geográficos* 174: 5-34.

López Gómez, A., F. Fernández García, F. Arroyo, J. Martín Vide y J. M. Cuadrat (1993): *El clima de las ciudades españolas,* Madrid, Cátedra, 268 pp.

López Martín, F. (1995): «Nota sobre la percepción del clima urbano. El ejemplo de la ciudad de Zaragoza», *Geographicalia* 32: 123-137.

López Martín, F. (1998): «Nota sobre el viento en el casco urbano de Zaragoza: un factor de planificación urbana», en F. Fernández García *et al., Clima y ambiente urbano en ciudades ibéricas e iberoamericanas,* Madrid, Parteluz, pp. 371-380.

López Martín, F. (2011): *Clima urbano y ciudad. El caso de Zaragoza,* Zaragoza, Universidad San Jorge-Colegio de Geógrafos, 118 pp.

Lowry, W. (1977): «Empirical estimation of urban effects on climate: a problem analysis», *Journal of Applied Meteorology* 36: 1377-1391.

Martín Vide, J., M. C. Moreno García y J. Sabí (1992): «Avance de resultados sobre la isla de calor de Barcelona», en *VI Trobades Científiques a la Mediterrània,* pp. 55-68.

Meili, N., A. Paschalis, G. Manoli y G. Fatichi (2022): «Diurnal and seasonal patterns of global urban dry islands», *Environmental Research Series,* lett. 17, <https://doi.org/10.1088/1748-9326/ac68f8>.

Mestre, O., P. Domonkos, F. Picard, I. Auer, S. Robin, E. Lebarbier, R. Böhm, E. Aguilar, J. Guijarro, G. Vertachnik, M. Klancar, B. Dubuisson y P. Stepanek (2013): «Homer: A Homogenization Software – Methods and Applications», *Idojaras, Quarterly Journal of the Hungarian Meteorological Service,* vol. 117, n.º 1, pp. 47-67.

Monclús, J., P. de la Cal (eds.) y C. Díez (coord.) (2018): *Nuevas miradas y exploraciones urbanas, Zaragoza 1968-2018,* Prensas de la Universidad de Zaragoza.

Moreno García, M. C. (1991): «Estudio del clima urbano de Barcelona: "la isla de calor"», *Oikos-tau.*

Oke, T. R. (1995): «The heat island of the urban boundary layer: characteristics, causes and effects», en J. E. Cermak, A. G. Davenport, E. J. Plate y D. X., Viegas (eds.), *Wind Climate in Cities,* Norwell, Kluwer-Academic Publishers, pp. 81-107.

Oke, T. R. (1996): *Boundary Layer Climates,* 2.ª ed., Londres, Routledge.

Oke, T. R. y F. G. Hannell (1970): *The Form of the Urban Heat Island in Hamilton, Canada,* WMO Tech Note 108, pp. 113-126.

Oliveira, A., A. Lopes y S. Niza (2020): «Local climate zones classification method from Copernicus land monitoring service datasets: an ArcGIS-based toolbox», *MethodsX,* 7, 101150, <https://doi.org/10.1016/j.mex.2020.101150>.

OS (2021): *Aumento de temperaturas por ciudades en España 1893-2020,* Madrid, Observatorio de Sostenibilidad.

Peppler, A. (1927): «Das Auto als Hilfsmittel der meteorologischen Forschung», *Zeitschrift für angewandte Meteorologie,* 46, pp. 305-308.

Rasilla, D., J. C. García-Codrón y C. Garmendia (2002): «Los temporales de viento: propuesta metodológica para el análisis de un fenómeno infravalorado», en J. M. Cuadrat, S. M. Vicente y M. Á. Saz (eds.), *La información climática como herramienta de gestión ambiental,* pp. 129-136.

Richman, M. B. (1986): «Rotation of Principal Components», *Journal of Climatology* 6: 29-35, <http://doi.org/10.1002/JOC.3370060305>.

Román, E., G. Gómez y M. de Luxán (2017): «Urban Heat Island of Madrid and its influence over Urban Thermal Comfort», en P. Mercader-Moyano (ed.), *Sustainable Development and Renovation in Architecture, Urbanism and Engineering,* Cham, Springer, Cham, pp 415-425, <http://doi.org/10.1007/978-3-319-51442-0_34>.

Sánchez, C. (2005): *Faustino Casamayor. Un observador de Zaragoza entre dos siglos,* Zaragoza, Editorial Comuniter, 211 pp.

Sanginés, D. (2013): *Metodología de evaluación de la isla de calor urbana y su utilidad para identificar problemáticas energéticas y de planificación urbana,* Zaragoza, Universidad de Zaragoza, 205 pp.

Saz, M. Á., S. Vicente-Serrano y J. M. Cuadrat (2003): *Spatial Patterns Estimation of Urban Heat Island of Zaragoza (Spain) using GIS,* Fifth International Conference on Urban Climate, Łódź (Polonia), pp 409-412.

Schmidt, W. (1929): «Die Verteilung der Minimumtemperaturen in der Frostnacht des 12 Mai 1927 im Gemeindegebiet von Wien», *Fortschritte der Landwirtschaft* 2 (21): 681-686.

Serrano-Notivoli, R., J. Olcina y J. Martín Vide (coords.) (2024): *Cambio climático en España,* Valencia, Tirant lo Blanch.

Steinecke, K. (1999): «Urban climatological studies in the Reykjavík subartic environment, Iceland», *Atmospheric Environment* 33, 4157-4162, <https://doi.org/10.1016/S1352-2310(99)00158-2>.

Stewart, I. y T. R. Oke (2012): «Local Climate Zones for Urban Temperature Studies», *Bulletin American Meteorological Society* 93 (12): 1879-1900, <http://doi.org/10.1175/BAMS-D-11-00019.1>.

Taylor, J., P. Wilkinson, M. Davies, B. Armstrong, Z. Chalabi, A. Mavrogianni, P. Symonds, E. Oikonomou y S. Bohnenstengel (2015): «Mapping the effects of urban heat island, housing, and age on excess heat-related mortality in London», *Urban Climate* 14, pp. 517-528, <http://doi.org/10.1016/j.uclim.2015.08.001>.

Tejedor, E., J. M. Cuadrat, M. Á. Saz, R. Serrano-Notivoli, N. López y M. Aladrén (2016): «Islas de calor y confort térmico en Zaragoza durante la ola de calor de julio de 2015», en J. Olcina, A. Rico y E. Moltó (eds.), *Clima, sociedad, riesgos y ordenación del territorio,* Alicante, Asociación Española de Climatología, vol. 10, pp. 141-152, <http://doi.org/10.14198/XCongresoAECAlicante2016-13>.

Vicente-Serrano, S., J. M. Cuadrat y M. Á. Saz (2003): *Topography and Vegetation Cover Influence on Urban Heat Island of Zaragoza (Spain),* Fifth International Conference on Urban Climate, Łódź (Polonia).

Vicente-Serrano, S. M., J. M. Cuadrat y M. Á. Saz (2005), «Spatial patterns of the urban heat island in Zaragoza (Spain)», *Climatology Research* 30, 61-69, <https://doi.org/10.3354/cr030061>.

Voogt, J. y T. Oke (2003): «Thermal remote sensing of urban climates», *Remote Sensing of Environment* 86: 370-384, <https://doi.org/10.1016/S0034-4257(03)00079-8>.

WMO (1968): *Symposium on Urban Climates and Building Climatology,* Bruselas, World Meteorological Organization.

Yang, P., G. Ren y W. Hou (2017): «Temporal-Spatial Patterns of Relative Humidity and the Urban Dryness Island Effect in Beijing City», *Journal of Applied Meteorology and Climatology* 56: 2221-2237, <https://doi.org/10.1175/JAMC-D-16-0338.1>.

# GLOSARIO DE TÉRMINOS

*Arquitectura bioclimática:* concepción de la arquitectura que tiene por finalidad la construcción de edificios con unas características que permitan el máximo nivel de confort, aprovechando las mejores condiciones de iluminación, calor natural, ahorro energético, etc. Se trata de un área relativamente moderna dentro de la arquitectura, donde son tenidos en cuenta y aplicados los conocimientos bioclimáticos.

*Calor antropogénico urbano:* calor procedente de los procesos de combustión que se producen en las áreas urbanas e industriales. Este calor influye notablemente sobre la temperatura del aire urbano, haciendo que sea más elevada que la de otras áreas circundantes no urbanas y constituyendo una de las causas directas de las islas de calor.

*Climatología urbana:* especialidad de la climatología que tiene como objeto de estudio principal el conocimiento preciso de los mecanismos propios del clima urbano y la evaluación de la alteración climática causada por las ciudades.

*Confort climático urbano:* conjunto de condiciones climáticas (especialmente térmicas) en una ciudad o área urbana, que proporcionan sensación de bienestar climático. Generalmente, se suele corresponder con una situación donde los mecanismos de autorregulación térmica del hombre son mínimos, quedando definido por los umbrales térmicos, entre los cuales un mayor número de personas manifiestan sentirse bien.

*Ecosistema urbano:* conjunto de elementos, procesos e interrelaciones de tipo físico, químico y biológico característicos del medio urbano. Se trata de un ecosistema diferente de los naturales, ya que la ciudad constituye un medio artificial, adaptado a las necesidades de la especie humana. Tanto el clima y los flujos energéticos como el ciclo de nutrientes y su estructura espacial y biológica difieren sensiblemente de los ecosistemas naturales.

*Isla de calor:* anomalía térmica que suele registrarse en los centros urbanos, donde las temperaturas son superiores a las que se dan en su entorno rural. Se trata del efecto más evidente de la modificación climática inducida por la urbanización.

*Isla de sequedad:* anomalía higrométrica que suele registrarse en los centros urbanos, donde los valores de humedad relativa del aire son más bajos que los del medio rural circundante.

*Microclima:* clima correspondiente a un espacio de dimensiones reducidas cuyos rasgos característicos son debidos a las condiciones naturales particulares de su localización o a las modificaciones artificiales inducidas por el hombre.

*Perfil térmico:* representación gráfica de un transecto térmico urbano que muestra las variaciones de la temperatura a lo largo del mismo.

*Transecto o recorrido urbano:* recorrido que atraviesa una ciudad o un área urbana desde sus alrededores o periferia midiendo la temperatura y la humedad del aire en diversos puntos de la ciudad. Generalmente, esos recorridos se realizan en automóviles equipados con instrumental meteorológico.

# ÍNDICE

*Este libro se terminó de imprimir*
*en los talleres del Servicio de Publicaciones*
*de la Universidad de Zaragoza*
*en abril de 2026*

෴